国家出版基金项目

中国传统建筑
解析与传承

中华人民共和国住房和城乡建设部 编

THE INTERPRETATION AND INHERITANCE OF TRADITIONAL CHINESE ARCHITECTURE

Ministry of Housing and Urban-Rural Development of the People's Republic of China

贵州卷
Guizhou Volume

中国建筑工业出版社

审图号：GS(2016)303号

图书在版编目(CIP)数据

中国传统建筑解析与传承　贵州卷／中华人民共和国住房和城乡建设部编．—北京：中国建筑工业出版社，2015.12

ISBN 978-7-112-18987-8

Ⅰ．①中… Ⅱ．①中… Ⅲ．①古建筑-建筑艺术-贵州省 Ⅳ．①TU-092.2

中国版本图书馆CIP数据核字（2016）第005076号

责任编辑：张　华　唐　旭　李东禧　李成成
书籍设计：付金红
责任校对：李欣慰　赵　颖

中国传统建筑解析与传承　贵州卷
中华人民共和国住房和城乡建设部　编

*

中国建筑工业出版社出版、发行（北京西郊百万庄）
各地新华书店、建筑书店经销
北京方舟正佳图文设计有限公司制版
北京顺诚彩色印刷有限公司印刷

*

开本：880×1230毫米　1/16　印张：13¼　字数：369千字
2016年9月第一版　2016年9月第一次印刷
定价：128.00元
ISBN 978-7-112-18987-8
　　　（28251）

版权所有　翻印必究
如有印装质量问题，可寄本社退换
（邮政编码 100037）

总　序

Foreword

几年前我去法国里昂地区，看到有大片很久以前甚至四百年前建造的夯土建筑，也就是干打垒房子，至今仍在使用。20世纪80年代，当地建设保障房小区时，要求一律建造夯土建筑，他们采用了现代夯土技术。西安科技大学的两位老师将这种技术引入国内，在甘肃、河北等多地建了示范房。现代夯土技术的改进点在于科学配比土与石子、使用模板和电动器具夯筑，传承了夯土建筑的优点，如造价低、节能保温，弥补了缺陷，抗震性增强，也美观，颇受农民的好评。我对这个事例很感兴趣并悟出一个道理，做好传承关键要具备两种精神：一是执着，坚信许多传统能够传承、值得传承。法国将传统干打垒房子当作好东西，努力传承，而我国虽然是生土建筑数量最多的国家，但今天各地却都视其为贫穷落后的标志，力图尽快消灭；二是创新，要下力气研究传统的优点及缺点，并用现代技术克服其缺点，赋予其现代功能，使传统文明成果在今天焕发新的生命力。这两方面的功夫我们都不够。

文明古国的中国，在实现现代化的进程中，只有十分自信、满腔热情地传承了优秀传统文化，才能受到全世界的尊重。建筑是一个民族生存智慧、工程技术、审美理念、社会伦理等文明成果最集中、最丰富的载体，其传承及体现是一个国家和民族富强与贫弱的标志。改变今天建筑缺失传统文化的局面，我们需要重新认识我国传统建筑文化，把握其精髓和发展脉络，挖掘和丰富其完整价值，探索传统与现代融合的理念和方法。2012年，住房和城乡建设部村镇建设司组织了首次传统民居全国普查，编纂了《中国传统民居类型全集》，其详细、准确、系统地展示了我国传统民居的地域性。在此基础上，2014年又启动了"传统建筑解析与传承"调查研究，这是第一次国家层面组织的该领域的大型调查研究，颇具价值：

价值一，它是至今对我国传统建筑文化最全面、最系统的阐释。第一，本次调查研究地域覆盖广，历史挖掘深，建筑类型多。31个省（市、区）开展了调查研究，每个省的研究也都覆盖了全域；一些省对传统建筑文化的追溯年代突破了记录；建筑类型不仅涵盖了官式建筑、庙宇、祠堂等，更涵盖了各类代表性民居。第二，更加注重从自然、人文、技术、经济几条主线解析传统建筑文化，而不是拘泥于建筑本身；不但阐释了传统建筑的物质形体，而且阐释了传统建筑文化的产生机制。第三，研究体例和解析维度保持了基本一致，各省都通过聚落格局、建筑群体与单体、细部与装饰、风格与装修对传统建筑进行解析。通过解析，大大丰富和提升了对我国传统建筑文化精髓的认识，如：中国传统建筑与自然相适应，和谐共生，敬天惜物；与生存实际相适应，容纳生产生活；与社会伦理相适应，井然有序；与发展相适应，灵活易变，是模块化的鼻祖。第四，内在形式统一，体现了中华文明的持久性和一致性；木结构等技术高度成熟，体现了中华民族的智慧；丰富的地区差异，体现了中华文化的多样性。一些研究基础较差的省，第一次对传统建筑有了全面认识；一些研究基础较好的省，又深化了认识。可以说，这次全面调查研究是对中国传统建筑文化的一次重新认识。

价值二，也是更重要的价值，它是就如何传承传统建筑文化、如何实现传统与现代融合这一难题，至今所进行的广泛深入的探索。第一，提出了更为本质、更具指导意义的传承理论和原则，如建筑文化的三大传承主线：自然、人文、技术；"形"的传承、"神"的传承、"神形兼备"的传承；适应性传承、创新性传承、可持续性传承等理论；坚持挖掘地域文化与建筑的关联性，坚持寻找并传承其最有价值和生命力的要素，坚持与时代发展相接轨等原则。第二，提出了更具操作性的传承方法和要点，如建筑肌理、应对自然环境、空间变异、建造方式、建筑材料、符号特征六方面的传承方法。第三，收集、展示、分析了近代以来大量的现代建筑探索传承的案例，既包括比较成功的，也包括比较失败的，具有很好的参考意义。同时也提出了应防止的误区。

价值三，唤起了对传统建筑文化的空前热情。通过这次研究，各地建设部门更加重视传统建筑文化的传承工作了，这将有利于扭转当前我国城乡建设缺乏传统文化的局面。在学术界，不仅老专家倾力投入，新参与的专家学者也越来越多，而且十分积极。过去研究传统建筑的专家学者与从事设计的建筑师交流不多，通过这次研究，两个群体融合到了一起，不仅有利于传承的研究，更有利于传承的实践。有的老专家说，等了几十年，终于等到国家组织这项工作了。

探索传统建筑文化与现代建筑的融合是难度极大的挑战，永远在路上。虽然本次调查研究存在着许多不足和局限，但第一次组织全国专业力量努力探索的成果，惠及当今，流芳百年，意义非凡，不仅具有中国意义，也具有世界意义。在此，谨向为成就这一大业，辛勤无私付出并作出卓越贡献的所有专家学者、建筑师和技术人员、各地建设部门领导和职工，表示衷心的感谢和崇高的敬意。此外，我还深深感受到，组织实施全国范围的、具有历史意义的调查研究，是其他组织和个人难以做到的，是中央部委必须承担的重要职责，今后还要多做。

住房和城乡建设部总经济师　赵晖

2016年9月

编委会

Editorial Committee

发起与策划：赵　晖

组 织 推 进：张学勤、卢英方、白正盛、王旭东、王　玮、王旭东（天津）、
吴　铁、翟顺河、冯家举、汪　兴、孙众志、张宝伟、庄少勤、
刘大威、沈　敏、侯淅珉、王胜熙、李道鹏、耿庆海、陈华平、
尹维真、蒋益民、蔡　瀛、吴伟权、陈孝京、丛　钢、文技军、
宋丽丽、赵志勇、斯朗尼玛、韩一兵、刘永堂、白宗科、何晓勇、
海拉提·巴拉提

指 导 专 家：崔　愷、吴良镛、冯骥才、孙大章、陆元鼎、张锦秋、何镜堂、
朱光亚、朱小地、罗德启、马国馨、何玉如、单德启、陈同滨、
朱良文、郑时龄、伍　江、常　青、吴建中、王小东、曹嘉明、
张俊杰、张玉坤、杨焕成、黄汉民、王建国、梅洪元、黄　浩、
张先进

工　作　组：林岚岚、罗德胤、徐怡芳、杨绪波、吴　艳、李立敏、薛林平、
李春青、潘　曦、王　鑫、苑思楠、赵海翔、郭华瞻、郭志伟、
褚苗苗、王　浩、李君洁、徐凌玉、师晓静、李　涛、庞　佳、
田铂菁、王　青、王新征、郭海鞍、张蒙蒙

贵州卷编写组：

组织人员：余咏梅、王　文、陈清鋆、赵玉奇

编写人员：罗德启、余压芳、陈时芳、叶其颂、吴茜婷、代富红、吴小静、杜　佳、杨钧月、曾　增

调研人员：钟伦超、王志鹏、刘云飞、李星星、胡　彪、王　曦、王　艳、张　全、杨　涵、吴汝刚、王　莹、高　蛤

北京卷编写组：

组织人员：李节严、侯晓明、杨　健、李　慧

编写人员：朱小地、韩慧卿、李艾桦、王　南、钱　毅、李海霞、马　泷、杨　滔、吴　懿、侯　晟、王　恒、王佳怡、钟曼琳、刘江峰、卢清新

调研人员：陈　凯、闫　峥、刘　强、李沫含、黄　蓉、田燕国

天津卷编写组：

组织人员：吴冬粤、杨瑞凡、纪志强、张晓萌

编写人员：洪再生、朱　阳、王　蔚、刘婷婷、王　伟、刘铧文

河北卷编写组：

组织人员：封　刚、吴永强、席建林、马　锐

编写人员：舒　平、吴　鹏、魏广龙、刁建新、刘　歆、解　丹、杨彩虹、连海涛

山西卷编写组：

组织人员：郭廷儒、张海星、郭　创、赵俊伟

编写人员：薛林平、王金平、杜艳哲、韩卫成、孔维刚、冯高磊、王　鑫、郭华瞻、潘　曦、石　玉、刘进红、王建华、武晓宇、韩丽君

内蒙古卷编写组：

组织人员：杨宝峰、陈　彪、崔　茂

编写人员：张鹏举、彭致禧、贺　龙、韩　瑛、额尔德木图、齐卓彦、白丽燕、高　旭、杜　娟

辽宁卷编写组：

组织人员：王晓伟、胡成泽、刘绍伟、孙辉东

编写人员：朴玉顺、郝建军、陈伯超、周静海、原砚龙、刘思铎、黄　欢、王蕾蕾、王　达、宋欣然、吴　琦、纪文喆、高赛玉

吉林卷编写组：

组织人员：袁忠凯、安　宏、肖楚宇、陈清华

编写人员：王　亮、李天骄、李之吉、李雷立、宋义坤、张俊峰、金日学、孙守东

调研人员：郑宝祥、王　薇、赵　艺、吴翠灵、李亮亮、孙宇轩、李洪毅、崔晶瑶、王铃溪、高小淇、李　宾、李泽锋、梅　郊、刘秋辰

黑龙江卷编写组：

组织人员：徐东锋、王海明、王　芳

编写人员：周立军、付本臣、徐洪澎、李同予、殷　青、董健菲、吴健梅、刘　洋、

刘远孝、王兆明、马本和、王健伟、
卜　冲、郭丽萍
调研人员：张　明、王　艳、张　博、王　钊、
晏　迪、徐贝尔

上海卷编写组：
组织人员：孙　珊、胡建东、侯斌超、马秀英
编写人员：华霞虹、彭　怒、王海松、寇志荣、
宿新宝、周鸣浩、叶松青、吕亚范、
丁建华、卓刚峰、宋　雷、吴爱民、
宾慧中、谢建军、蔡　青、刘　刊、
喻明璐、罗超君、伍　沙、王鹏凯、
丁　凡
调研人员：江　璐、林叶红、刘嘉纬、姜鸿博、
王子潇、胡　楠、吕欣欣、赵　曜

江苏卷编写组：
组织人员：赵庆红、韩秀金、张　蔚、俞　锋
编写人员：龚　恺、朱光亚、薛　力、胡　石、
张　彤、王兴平、陈晓扬、吴锦绣、
陈　宇、沈　旸、曾　琼、凌　洁、
寿　焘、雍振华、汪永平、张明皓、
晁　阳

浙江卷编写组：
组织人员：江胜利、何青峰
编写人员：王　竹、于文波、沈　黎、朱　炜、
浦欣成、裘　知、张玉瑜、陈　惟、
贺　勇、杜浩渊、王焯瑶、张泽浩、
李秋瑜、钟温欹

安徽卷编写组：
组织人员：宋直刚、邹桂武、郭佑芹、吴胜亮

编写人员：李　早、曹海婴、叶茂盛、喻　晓、
杨　燊、徐　震、曹　昊、高岩琰、
郑志元
调研人员：陈骏祎、孙　霞、王达仁、周虹宇、
毛心彤、朱　慧、汪　强、朱高栎、
陈薇薇、贾宇枝子、崔巍懿

福建卷编写组：
组织人员：苏友佺、金纯真、许为一
编写人员：戴志坚、王绍森、陈　琦、李苏豫、
王量量、韩　洁

江西卷编写组：
组织人员：熊春华、丁宜华
编写人员：姚　赯、廖　琴、蔡　晴、马　凯、
李久君、李岳川、肖　芬、肖　君、
许世文、吴　靖、吴　琼、兰昌剑、
戴晋卿、袁立婷、赵晗聿

山东卷编写组：
组织人员：杨建武、张　林、宫晓芳、王艳玲
编写人员：刘　甦、张润武、赵学义、仝　晖、
郝曙光、邓庆坦、许丛宝、姜　波、
高宜生、赵　斌、张　巍、傅志前、
左长安、刘建军、谷建辉、宁　荞、
慕启鹏、刘明超、王冬梅、王悦涛、
姚　丽、孔繁生、韦　丽、吕方正、
王建波、解焕新、李　伟、孔令华

河南卷编写组：
组织人员：陈华平、马耀辉、李桂亭、韩文超
编写人员：郑东军、李　丽、唐　丽、吕红医、
黄　华、韦　峰、李红光、张　东、

陈兴义、渠　韬、史学民、毕　昕、
陈伟莹、张　帆、赵　凯、许继清、
任　斌、郑丹枫、王文正、李红建、
郭兆儒、谢丁龙

湖北卷编写组：

组织人员：万应荣、付建国、王志勇
编写人员：肖伟、王　祥、李新翠、韩　冰、
张　丽、梁　爽、韩梦涛、张阳菊、
张万春、李　扬

湖南卷编写组：

组织人员：宁艳芳、黄　立、吴立玖
编写人员：何韶瑶、唐成君、章　为、张梦淼、
姜兴华、李　夺、欧阳铎、黄力为、
张艺婕、吴晶晶、刘艳莉、刘　姿、
熊申午、陆　薇、党　航
调研人员：陈　宇、刘湘云、付玉昆、赵磊兵、
黄　慧、李　丹、唐娇致

广东卷编写组：

组织人员：梁志华、肖送文、苏智云、廖志坚、
秦　莹
编写人员：陆　琦、冼剑雄、潘　莹、徐怡芳、
何　菁、王国光、陈思翰、冒亚龙、
向　科、赵紫伶、卓晓岚、孙培真
调研人员：方　兴、张成欣、梁　林、林　琳、
陈家欢、邹　齐、王　妍、张秋艳

广西卷编写组：

组织人员：吴伟权、彭新唐、刘　哲
编写人员：雷　翔、全峰梅、徐洪涛、何晓丽、
杨　斌、梁志敏、陆如兰、尚秋铭、
孙永萍、黄晓晓、李春尧

海南卷编写组：

组织人员：丁式江、陈孝京、许　毅、杨　海
编写人员：吴小平、黄天其、唐秀飞、吴　蓉、
刘凌波、王振宇、何慧慧、陈文斌、
郑小雪、李贤颖、王贤卿、陈创娥、
吴小妹

重庆卷编写组：

组织人员：冯　赵、揭付军
编写人员：龙　彬、陈　蔚、胡　斌、徐千里、
舒　莺、刘晶晶

四川卷编写组：

组织人员：蒋　勇、李南希、鲁朝汉、吕　蔚
编写人员：陈　颖、高　静、熊　唱、李　路、
朱　伟、庄　红、郑　斌、张　莉、
何　龙、周晓宇、周　佳
调研人员：唐　剑、彭麟麒、陈延申、严　潇、
黎峰六、孙　笑、彭　一、韩东升、
聂　倩

云南卷编写组：

组织人员：汪　巡、沈　键、王　瑞
编写人员：翟　辉、杨大禹、吴志宏、张欣雁、
刘肇宁、杨　健、唐黎洲、张　伟
调研人员：张剑文、李天依、栾涵潇、穆　童、
王祎婷、吴雨桐、石文博、张三多、
阿桂莲、任道怡、姚启凡、罗　翔、
顾晓洁

西藏卷编写组：

组织人员：李新昌、姜月霞

编写人员：王世东、木雅·曲吉建才、格桑顿珠、群　英、达瓦次仁、土登拉加

陕西卷编写组：

组织人员：胡汉利、苗少峰、李　君、薛　钢

编写人员：周庆华、李立敏、刘　煜、王　军、祁嘉华、武　联、陈　洋、吕　成、倪　欣、任云英、白　宁、雷会霞、李　晨、白　钰、王建成、师晓静、李　涛、黄　磊、庞　佳、王怡琼、时　阳、吴冠宇、鱼晓惠、林高瑞、朱瑜葱、李　凌、陈斯亮、张定青、雷耀丽、刘　怡、党纤纤、张钰罂、陈　新、李　静、刘京华、毕景龙、黄　姗、周　岚、王美子、范小烨、曹惠源、张丽娜、陆　龙、石　燕、魏　锋、张　斌

调研人员：王晓彤、刘　悦、张　容、魏　璇、陈雪婷、杨钦芳、张豫东、李珍玉、张演宇、杨程博、周　菲、米庆志、刘培丹、王丽娜、陈治金、贾　柯、陈若曦、千　金、魏　栋、吕咪咪、孙志青、卢　鹏

甘肃卷编写组：

组织人员：刘永堂、贺建强、慕　剑

编写人员：刘奔腾、安玉源、叶明晖、冯　柯、张　涵、王国荣、刘　起、李自仁、张　睿、章海峰、唐晓军、王雪浪、孟岭超、范文玲

调研人员：王雅梅、师鸿儒、闫海龙、闫幼峰、陈　谦、张小娟、周　琪、孟祥武、郭兴华、赵春晓

青海卷编写组：

组织人员：衣　敏、陈　锋、马黎光

编写人员：李立敏、王　青、王力明、胡东祥

调研人员：张　容、刘　悦、魏　璇、王晓彤、柯章亮、张　浩

宁夏卷编写组：

组织人员：李志国、杨文平、徐海波

编写人员：陈宙颖、李晓玲、马冬梅、陈李立、李志辉、杜建录、杨占武、董　茜、王晓燕、马小凤、田晓敏、朱启光、龙　倩、武文娇、杨　慧、周永惠、李巧玲

调研人员：林卫公、杨自明、张　豪、宋志皓、王璐莹、王秋玉、唐玲玲、李娟玲

新疆卷编写组：

组织人员：高　峰、邓　旭

编写人员：陈震东、范　欣、季　铭、阿里木江·马克苏提、王万江、李　群、李安宁、闫　飞

主编单位：

中华人民共和国住房和城乡建设部

参编单位：

北京卷：北京市规划委员会
　　　　北京市勘察设计和测绘地理信息管理办公室
　　　　北京市建筑设计研究院有限公司
　　　　清华大学
　　　　北方工业大学

天津卷：天津市城乡建设委员会
　　　　天津大学建筑设计规划设计研究总院
　　　　天津大学

河北卷：河北省住房和城乡建设厅
　　　　河北工业大学
　　　　河北工程大学
　　　　河北省村镇建设促进中心

山西卷：山西省住房和城乡建设厅
　　　　山西省建筑设计研究院
　　　　北京交通大学
　　　　太原理工大学

内蒙古卷：内蒙古自治区住房和城乡建设厅
　　　　　内蒙古工业大学

辽宁卷：辽宁省住房和城乡建设厅
　　　　沈阳建筑大学
　　　　辽宁省建筑设计研究院

吉林卷：吉林省住房和城乡建设厅
　　　　吉林建筑大学
　　　　吉林建筑大学设计研究院
　　　　吉林省建苑设计集团有限公司

黑龙江卷：黑龙江省住房和城乡建设厅
　　　　　哈尔滨工业大学
　　　　　齐齐哈尔大学
　　　　　哈尔滨市建筑设计院
　　　　　哈尔滨方舟工程设计咨询有限公司
　　　　　黑龙江国光建筑装饰设计研究院有限公司
　　　　　哈尔滨唯美源装饰设计有限公司

上海卷：上海市规划和国土资源管理局
　　　　上海市建筑学会
　　　　华东建筑设计研究总院
　　　　同济大学
　　　　上海大学

江苏卷：江苏省住房和城乡建设厅
　　　　东南大学

浙江卷：浙江省住房和城乡建设厅
　　　　浙江大学
　　　　浙江工业大学

安徽卷：安徽省住房和城乡建设厅
　　　　合肥工业大学

福建卷：福建省住房和城乡建设厅
　　　　厦门大学

江西卷：江西省住房和城乡建设厅
　　　　南昌大学
　　　　江西省建筑设计研究总院
　　　　南昌大学设计研究院

山东卷：山东省住房和城乡建设厅
　　　　山东建筑大学
　　　　山东建大建筑规划设计研究院
　　　　山东省小城镇建设研究会
　　　　山东大学
　　　　烟台大学
　　　　青岛理工大学
　　　　山东省城乡规划设计研究院

河南卷：河南省住房和城乡建设厅
　　　　郑州大学
　　　　河南大学
　　　　华北水利水电大学
　　　　河南理工大学
　　　　河南省建筑设计研究院有限公司
　　　　河南省城乡规划设计研究总院有限公司
　　　　郑州大学综合设计研究院有限公司
　　　　郑州市建筑设计院有限公司

湖北卷：湖北省住房和城乡建设厅
　　　　中信建筑设计研究总院有限公司

湖南卷：湖南省住房和城乡建设厅
　　　　湖南大学
　　　　湖南大学设计研究院有限公司
　　　　湖南省建筑设计院

广东卷：广东省住房和城乡建设厅
　　　　华南理工大学
　　　　广州瀚华建筑设计有限公司
　　　　北京建工建筑设计研究院

广西卷：广西壮族自治区住房和城乡建设厅
　　　　华蓝设计（集团）有限公司

海南卷：海南省住房和城乡建设厅
　　　　海南华都城市设计有限公司
　　　　华中科技大学
　　　　武汉大学
　　　　重庆大学
　　　　海南省建筑设计院
　　　　海南雅克设计有限公司
　　　　海口市城市规划设计研究院
　　　　海南三寰城镇规划建筑设计有限公司

重庆卷：重庆城乡建设委员会
　　　　重庆大学
　　　　重庆市设计院

四川卷：四川省住房和城乡建设厅
　　　　西南交通大学
　　　　四川省建筑设计研究院

贵州卷：贵州省住房和城乡建设厅
　　　　贵州省建筑设计研究院
　　　　贵州大学

云南卷：云南省住房和城乡建设厅
　　　　昆明理工大学

西藏卷：西藏自治区住房和城乡建设厅
　　　　西藏自治区建筑勘察设计院
　　　　西藏自治区藏式建筑研究所

陕西卷：陕西省住房和城乡建设厅
　　　　西建大城市规划设计研究院
　　　　西安建筑科技大学
　　　　长安大学
　　　　西安交通大学
　　　　西北工业大学
　　　　中国建筑西北设计研究院有限公司
　　　　中联西北工程设计研究院有限公司

甘肃卷：甘肃省住房和城乡建设厅
　　　　兰州理工大学
　　　　西北民族大学
　　　　西北师范大学
　　　　甘肃建筑职业技术学院
　　　　甘肃省建筑设计研究院
　　　　甘肃省文物保护维修研究所

青海卷：青海省住房和城乡建设厅
　　　　西安建筑科技大学
　　　　青海省建筑勘察设计研究院有限公司

宁夏卷：宁夏回族自治区住房和城乡建设厅
　　　　宁夏大学
　　　　宁夏建筑设计研究院有限公司
　　　　宁夏三益上筑建筑设计院有限公司

新疆卷：新疆维吾尔自治区住房和城乡建设厅
　　　　新疆佳联城建规划设计研究院
　　　　新疆建筑设计研究院
　　　　新疆大学
　　　　新疆师范大学

目 录

Contents

总　序

前　言

第一章　绪论

002　　第一节　贵州的自然与地理环境
002　　　　一、区位
002　　　　二、贵州地势概况
003　　　　三、气候特点
003　　　　四、资源特点
004　　第二节　贵州的历史与人文概况
004　　　　一、历史沿革
006　　　　二、贵州的人口与民族
006　　第三节　贵州传统建筑的历史演变
006　　　　一、元代之前贵州建筑的缓慢发展
009　　　　二、明清之后贵州建筑的突变发展

上篇：贵州传统建筑特征与解析

第二章　贵州传统建筑影响因子

017　　第一节　多山多水的地理影响因子
017　　　　一、山
020　　　　二、水

022		三、气候
023		四、植物
024	第二节	多民族交流融合的文化人类学影响因子
024		一、贵州省境内分布的四大族系
025		二、明代贵州省建省前的民族关系历史
025		三、贵州省建省的历史事件分析
029		四、贵州省建省的"通道"标识和民族分布格局的重大变迁
030		五、贵州省军事建省与城乡二元结构历史特征分析
032	第三节	多方位外来文化持续作用的影响因子
032		一、调北征南（屯堡文化）
037		二、国际交流（宗教文化）
038		三、三线建设（近现代工业文化）

第三章　多元文化孕育下的贵州传统建筑类型特征

040	第一节	黔中黔南地区的传统建筑特征解析
040		一、黔中黔南区域地理及历史沿革
041		二、区域文化及建筑特色
044		三、传统建筑案例
053	第二节	黔北地区的建筑特征分析
053		一、黔北区域地理及历史沿革
056		二、区域文化及建筑特色
059		三、传统建筑案例
064	第三节	黔东南地区的建筑特征分析
064		一、黔东南区域地理及历史沿革
067		二、区域文化及建筑特色
068		三、侗族民居
072		四、苗族民居
074	第四节	黔东北地区的建筑特征分析
074		一、区域地理及历史沿革
076		二、区域文化及建筑特色
077		三、传统建筑案例

079	第五节　黔西地区的建筑特征分析
079	一、区域地理及历史沿革
080	二、区域文化及建筑特色
082	三、传统建筑案例

下篇：贵州当代建筑传承与发展

第四章　贵州当代建筑创作概述

087	第一节　贵州传统建筑现代化的长期实践
087	一、总体研究思路与方法
087	二、建筑特色的影响机制
088	第二节　地域建筑创作历史回眸
088	一、历史上的特色建筑
090	二、弱势起步
091	三、自发延续
095	四、民族形式的主观追求
097	五、政治性、地域性、现代性
098	六、徘徊与重塑
102	七、繁荣与创作
102	八、贵州当代建筑创作概况
106	九、过去30余年的建筑创作特点

第五章　对地理气候条件的主动适应——营造山地建筑特色

109	第一节　对温润气候的回应——营造通透建筑空间
109	一、形态自由的总平面布局
110	二、开敞通透的建筑空间设计
112	三、传统天井空间的运用
112	四、利用气候条件绿化环境空间
113	第二节　对"不平"地貌的回应——营造山地建筑特色
114	一、顺应山势建筑爬坡

115	二、顺山就势分层筑台
116	三、利用高差掉层吊脚
118	四、利用地形分层入户
118	五、地下空间利用
118	六、山地住区户外垂直交通
119	第三节　运用地方资源展现人文情怀
119	一、丹霞石
120	二、合硼石(石灰岩青石)
121	三、传统材料的现代表达
123	四、采用现代材料转译传统意蕴
124	五、运用材料肌理表达地域内涵
125	六、山地建筑的生态原理及启示

第六章　利用民族传统文化元素传承文脉

128	第一节　形态模仿
128	一、形态模仿原味表达
130	二、形态模仿当代表达
132	第二节　叠加拼接
132	一、民族符号叠加
135	二、建筑元素拼接
140	三、传统空间移植
143	第三节　元素变异
144	一、形态变异
144	二、构件变异
145	三、纹饰变异
146	第四节　异质交融
146	一、建筑与环境融合
152	二、现代与传统交融
154	三、新老空间交融
154	四、形式与秩序重构
156	五、异质材料同构

157	六、共性与个性共存	
159	第五节	象征、隐喻
159	一、以形取意	
161	二、以形传神	
163	第六节	案例详析
163	一、尊重环境、传统与现代交触——贵州花溪迎宾馆	
167	二、元素变异、地城文化创新表达——人民大会堂贵州厅室内设计	

第七章 传承发展的当代实践小结

170	第一节	建筑特色的文化渊源
170	第二节	建筑特色的表达意象
170	第三节	传统文化的传承手法
170	一、原态手法	
170	二、符号手法	
171	三、变形手法	
171	四、象征手法	
171	第四节	传承的演进轨迹
172	第五节	传统建筑特色的塑造和管控原则
172	一、特色突出原则	
172	二、整体协调原则	
173	三、公共审美原则	
173	第六节	传统与当代建筑思想比较

第八章 传统建筑文化的传承控制

176	第一节	关于传统与现代
177	第二节	传统与现代"度"的把握
178	第三节	风格控制的"三控"模式
179	第四节	贵州不同地区村镇建筑风格图引
180	一、黔东南苗族、侗族农房风格设计图引	
181	二、黔北地区农房特色	

181	三、黔东北地区农房特色
181	四、黔中地区农房特色
182	五、黔南地区农房特色
182	六、黔西地区农房特色
183	七、贵州各文化区建筑风格汇总

第九章　结语：推进传统文化的保护与传承

186	第一节　文化是城镇和建筑的灵魂
186	第二节　文化是传承和发扬城镇的精神活力

参考文献

后　记

前　言

Preface

近年来，在我国城乡建设发展中，地区建筑文化特色正在被雷同的发展和单一的价值取向所取代，地方特色逐渐消失、现代中国建筑设计缺乏创新。为贯彻习近平同志关于弘扬优秀传统文化和不搞奇奇怪怪的建筑的讲话精神，落实中央一号文件关于开展传统民居调查的要求，本书正是在探索具有中国特色的建筑道路崎岖坎坷的背景下进行的。

根据中国住房和城乡建设部村镇司下达的相关研究课题，贵州省住建厅组织了课题研究组，经过近一年时间的调研，提出了这份《中国传统建筑解析与传承　贵州卷》研究成果，本书是对贵州传统建筑现代实践的一份总结。

传统建筑是民族的生存智慧、建造技艺、社会伦理和审美意识等传统文化要素最丰富、最集中的载体。撰写本书的目的，是通过对优秀现代建筑的调查梳理，深入挖掘传统建筑的地域和民族特点，系统阐释传统建筑文化在现代建筑中的传承与发展，总结弘扬优秀的传统建筑思想和设计方法，为当代建筑的创作和决策提供理论支撑与评价依据。

本书列举了大量工程实践实例，并通过这些实例，阐释其在研究适应现代生活和应对自然环境的前提下，如何创造性地探索呼应历史文脉、体现传统空间内涵、运用当地建筑材料、体现地域传统审美等方面的创造手法和设计思想，总结出在现代建筑技术条件下，传承当地传统建筑文化的理论、方法、途径和手段，以引导传承实践，奠定弘扬地域传统建筑文化的基础。

本书分上篇、下篇两大部分，上篇为贵州传统建筑特征与解析，下篇为贵州当代建筑传承与发展。上篇按照地域或民族进行传统建筑分析，从贵州当地的气候、地理环境、文化、经济为出发点解析传统建筑。考虑现代建筑的特点，下篇主要从当代建筑的发展以及应对地理气候环境、民族传统文化元素和文脉传承的表现方法以及如何传承等角度，对当代建筑传承传统文化进行了阐述。

不同地区建筑文化特征不同，我们需要研究其意识特征，找出符合时代要求的可持续发展的路子，同时尊重地域文化传统，又必须立足当代，面向未来，其最终目的还是在于理解和创作应用。因此，本书从理论层面归纳贵州地域建筑特色形成的机理，从实践层面揭示贵州当代建筑创作中的地域性策略，从建筑创作的角度而言，就是从理性和感性的认知出发，向往、回忆或重新建立起新的起点，力求创造具有贵州地域特点、民族特色和时代特征的新建筑，体现地域文化的连续性。

建筑文化地域性的本质特性是包含"因地制宜、因题而异"这两方面内容。"因地制宜"是考虑项目的外部条件和各种背景关联情况，就是对建筑所处的自然环境、社会文化、经济及技术条件等要素进行研究和分析，并找出解决问题的途径；"因题而异"是从项目内涵上作深层次的研究发掘，准确把握项目性质和定位，将其融入建筑创作的氛围之中，使设计既能体现地域文化的历史延续，又能阐发出地域文化的崭新特征。

建筑地域性的探索源于尊重环境、尊重文化，是现代化进程中对延续地域文化的追求过程，是对传统与现代双向探索和不断融合的过程。本书列举的工程实例，虽然只是反映贵州传统建筑特征现代化演进进程的一隅，却足以从不同角度体现中国贵州当代建筑创作多元文化发展进步的繁荣景象，呈现出贵州建筑文化风华，展现出贵州建筑独特的标识。本书的出版发行，会更加有助于人们认识贵州、认识贵州的建筑特色、进而认识中国建筑。

本书以贵州为重点对传统文化开展深入探析，其学术价值在于理论上总结提炼出诸如：形态模仿、叠加拼接、元素变异、异质交融、象征隐喻等传统文化传承的手法。其实践意义在于对地域建筑创作提供了一条解决方法和实践途径，从而能够提升地区城乡建设的建筑品质，重塑地域建筑的场所精神，以及规范化引导城乡建设地域差异化的调控需求。

第一章 绪论

贵州省是一个山川秀丽、气候宜人、民族众多、资源富集的省份,辖贵阳市、六盘水市、遵义市、安顺市、铜仁市、毕节市六个地级市,黔西南布依族苗族自治州、黔东南苗族侗族自治州和黔南布依族苗族自治州三个少数民族自治州。贵州属于喀斯特典型区域。贵州岩溶地貌发育非常典型,是世界上岩溶地貌发育最典型的地区之一,由于处于一个纬度较低海拔较高的高原面上,气候温暖湿润,属亚热带湿润季风气候。气温变化小,冬暖夏凉,气候宜人。贵州气候呈多样性,"一山分四季,十里不同天"。贵州还是中国古人类发祥地和中国古文化重要的发源地,二十四万年前就有人类在这片土地上繁衍,已发现旧石器时代的文化遗址多处,现保存大量宋代石室墓,宋元时期,贵州已陆续有了城垣建设。唐宋时期则兴修了许多水利、道路工程。明清以后,贵州宣慰使司的设立,使贵州政治地位和军事战略地位进一步上升,加之东西、南北驿道的打通,使贵州交通大为便捷,经济迅速发展,客观上也促进了建筑的发展。明初"调北征南",在贵州通往云南的驿道两旁大举屯兵。来自江南地区的屯兵,带来汉族地区的生产方式和传统文化,使各类建筑在贵州高原迅速诞生。

第一节　贵州的自然与地理环境

一、区位

贵州省简称"黔"或"贵"，位于中国西南部，东抵湖南，南邻广西，西界云南，北连四川、重庆，东西宽约595公里，南北长约509公里，面积约17.6万平方公里，是一个山川秀丽、气候宜人、民族众多、资源富集、发展潜力巨大的省份。辖贵阳市、六盘水市、遵义市、安顺市、铜仁市、毕节市六个地级市，黔西南布依族苗族自治州、黔东南苗族侗族自治州和黔南布依族苗族自治州三个少数民族自治州（图1-1-1）。

贵州境内平坦连片地形十分少见，多为河谷深切地形，造就了贵州多姿多彩的山地建筑特征。少量的山间盆地与河谷盆地，因地势较为平坦、土层深厚、水热条件好、利于灌溉耕种，往往成为开发历史较早的人类聚居区，也是建筑用土、用砖较多的区域。

二、贵州地势概况

贵州位于云贵高原东部，隆起于四川盆地、广西丘陵盆地和湘西丘陵之间，属我国地势的第二阶梯东部边缘的一部分。境内地势西高东低，自中部向北、东、南三面倾斜。平均海拔在1100米左右，全省地貌可概括分为：高原、山地、丘陵和盆地四种基本类型，高原山地居多，素有"八山一水一分田"之说，是全国唯一没有平原支撑的省份。境内山脉众多，重峦叠嶂，绵延纵横，山高谷深。西部海拔1600～2800米以上，中部海拔1000～1800米，东部海拔100～800米，全省最高峰是赫章县南部珠市乡的韭菜坪，海拔2901米，最低处在黎平县东部地坪乡水口河出省界处，

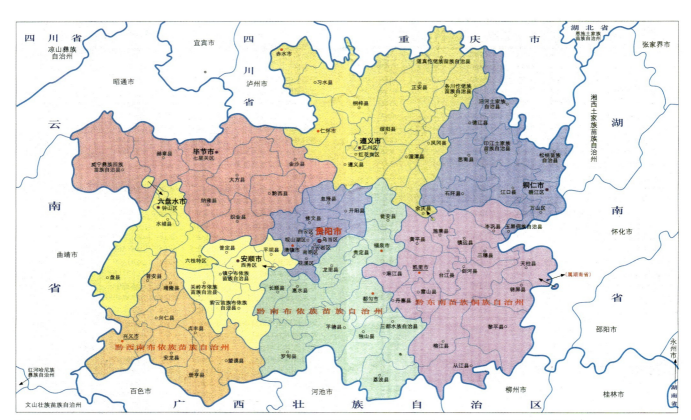

图1-1-1　贵州政区图　（来源：中华人民共和国民政部编. 中华人民共和国行政区划简册2014. 北京：中国地图出版社，2014.）

海拔148米。

贵州属新构造运动间歇性上升地区，因长期受到河流切割、侵蚀和溶蚀，全省除西部威宁及其附近的赫章、钟山区局部为保存较完整的高原面外，大部分地区已被切割成深山峡谷和山体破碎、地表崎岖的高原、山地、丘陵、盆地。其中高原和山地面积约占全省面积的89%，丘陵及河谷盆地约占11%。

贵州属于喀斯特典型区域。贵州岩溶地貌发育非常典型，是世界上岩溶地貌发育最典型的地区之一，全省喀斯特地貌面积占总面积的73%，类型多样，是喀斯特地学的天然百科全书。境内岩溶分布范围广泛，形态类型齐全，地域分布明显，包括石芽、石沟、溶斗、溶洞、溶蚀洼地、槽谷、伏流、涌泉、峡谷、石林、峰林、峰丛等。喀斯特区域"无山不洞"，有数不尽的溶洞及地下河，它们在开发地下水资源及地下空间等方面具有广泛的利用前景，是研究喀斯特地质、地貌与洞穴学、考古学和古人类学的天然场所。

三、气候特点

贵州省处于一个纬度较低、海拔较高的高原面上，气候温暖湿润，属亚热带湿润季风气候。气温变化小，冬暖夏凉，气候宜人。受大气环流及地形等影响，贵州气候呈多样性，"一山分四季，十里不同天"。贵州的雨量充沛，但雨量在空间、时间上分布很不均匀。兴义、晴隆、六枝、织金一带正当西南暖湿气流入侵通道，丹寨、都匀一带处苗岭山脉迎风面，松桃、江口、铜仁一带处武陵山脉迎风面，年降雨量都在1400毫米以上，属多雨地区。威宁、赫章、毕节一带处乌蒙山背风面，道真、正安、桐梓一带在大娄山的西北坡，施秉、镇远一带受局部地形影响，年降雨量不足1100毫米，属少雨地区。从时间分布看，降雨量多集中在下半年。

贵州处于全国总辐射的低值区，年平均气温12℃～18℃。贵州因纬度低，且有青藏高原和秦岭、大巴山对南下冷空气的阻挡，冬季气温较同纬度的其他省区高，大部分地区最冷月——1月的平均温度为3℃～6℃。夏季，又因地势较高和云贵静止锋的影响，气温普遍低于广大东部各省，最热月7月的平均温度为20℃～26℃。

由于山峦连绵起伏，相对高差悬殊，导致全省地貌类型复杂，气候、土壤、生物的垂直差异明显。

四、资源特点

贵州省蕴藏着十分丰富的旅游资源。奇特秀美的山川、古朴厚重的文化、舒适宜人的气候和勤劳友好的人民，使贵州成为中国最具旅游发展潜力的省区之一。贵州自然风光奇特秀美，有"天然公园"之美誉（图1-1-2）。贵州大部分属于典型的喀斯特地貌区，西北部赤水市和习水县丹霞地貌也十分发育，其山、水、林、洞、瀑自然景观千姿百态，独具特色。

贵州是国内自然资源丰富的省(自治区、直辖市)之一，有极为突出的资源优势。尤以能源、矿产、生物、旅游资源得天独厚，最具特色。能源资源富集，水、电、煤多种能源兼备，水能与煤炭优势并存，水力发电与火力发电互济。水能资源蕴藏量为1874.5万千瓦，居全国第六位，其中可开发

图1-1-2 贵州黄果树大瀑布（来源：余压芳 摄）

量达1683万千瓦，占全国总量的4.4%，特别是水位落差集中的河段多，开发条件优越。贵州素以"西南煤海"著称，煤炭资源储量达497.28亿吨，居全国第五位，超过南方12省（区、市）煤炭资源储量的总和。矿产资源丰富。境内矿产资源种类繁多，门类齐全，储量丰富，分布广泛，且成矿地质条件好，是著名的矿产资源大省。

第二节　贵州的历史与人文概况

一、历史沿革

贵州历史文化源远流长。贵州是中国古人类发祥地和中国古文化重要的发源地，24万年前就有人类在这片土地上繁衍，已发现旧石器时代的文化遗址有黔西观音洞、桐梓岩灰洞、水城硝灰洞、兴义猫猫洞、普定穿洞、盘县大洞等50多处。在长期的开发中，贵州各族人民还留下了许多古代和近代的名胜古迹。以遵义会议、黎平会议、强渡乌江、娄山关战役、四渡赤水等为代表的红色旅游已逐步开发成为中国最具潜力的经典旅游产品。截至2015年7月，贵州省共有遵义会议会址、镇远青龙洞、从江增冲鼓楼、普定穿洞遗址、大方奢香墓、毕节大屯土司庄园、遵义杨粲墓、盘县大洞遗址、安顺武庙、隆里古建筑群、石阡文庙、榕江大利村古建筑群、石阡楼上村古建筑群等71个全国重点文物保护单位。

根据考古研究，贵州省是古人类发祥地之一。湿润的亚热带气候和众多的天然洞穴，为古人类提供了良好的生存空间，在东起天柱，西至威宁，南抵兴义，北接习水的广袤地域都有古人类活动的遗迹。早在24万年前旧石器时代早期，就有人类居住、活动，此后绵延发展。有旧石器时代早期的"黔西观音洞文化"，早期智人的"桐梓人"、"水城人"和盘县"大洞人"，晚期智人的"兴义人"、普定"穿洞人"、桐梓"马鞍山人"、"白岩脚洞人"和安龙"观音洞人"，把贵州的历史向前延伸了几十万年。

新石器时代至商周时期，贵州黔西北牛栏江、黔中乌江上游支流、黔东北乌江中游区、黔东清水江、黔南南北盘江等区域均发现了一些代表性文化遗址。这些遗址大都沿水系布局，表明很早以前，贵州先民便与周边有了密切的交流。

战国秦汉时代的贵州，是土著文化发展、汉文化逐渐渗入的时代。秦代以前，贵州作为"百濮"民族重要活动区域。秦开"五尺道"，揭开了中央王朝开发贵州的序幕。西汉建元六年（公元前135年），汉武帝在夜郎地区设郡置县，贵州纳入华夏版图。西汉王朝赐封的"夜郎王"，被《汉书》称为"西南夷"中最大的"君长"。因此，可以西汉中期为界，将汉文化在贵州的传播分为前后两段。前段是土著文化占据主流的时期。从西汉中期开始，武帝开发西南夷，在贵州推行郡县制，汉文化沿着既有的文化孔道（土著聚居地），迅速由已经成为汉文化阵营的四川地区由北而南向黔中渗透。汉文化进入夜郎地区，促进了当地经济文化的发展。东汉时，沿袭西汉建置。三国时，西南大部分地区为蜀汉政权所有。贵州属牂牁郡、朱提郡、兴古郡、江汉郡、涪陵郡。两晋南北朝，今贵州境内，除置牂牁郡外，边远地区又分属朱提、江汉等郡。隋时，在贵州置牂州牂牁郡、明阳郡。此外，今贵州东北地区分属黔安郡和沅陵郡。

魏晋南北朝几百年的纷乱，贵州与中央王朝的交流受到影响，贵州又经历了一次相对独立的发展时期。在中央王朝对西南失控的情况下，汉代移入云贵的"三蜀大姓"和当地士酋结合而成"南中大姓"。以大姓为中心建立的少数民族政权得势以后，互为兼并。诸葛亮南征，让蜀汉势力到达了贵州。在这一时期，贵州经历了百濮、氐羌、苗蛮、百越等众多民族体系的迁徙、融合，对后世贵州民族分布及关系奠定了基本的格局。

公元974年，土著首领普贵以控制的矩州归顺，宋朝在敕书中有："惟尔贵州，远在要荒"一语，这是以贵州之名称此地区的最早记载。

唐宋时期，中央王朝在贵州乌江以北地区建立若干"经制州"，逐渐加强对这一地区的统治，但在乌江以南，仍旧推行"羁縻"政策，而西部地区还有"乌蛮"各部建立的罗殿国、自杞国、罗氏鬼国等少数民族政权，出现"经制州"、"羁縻州"与"藩国"并存的局面。唐天宝以后，南诏崛起，与唐时战时和，而贵州便成为唐与南诏角逐的中间地带，使贵州发展受到极大影响。宋代，今贵州地域分别隶属夔州路、荆湖北路、潼川路、广南西路、剑南西路、剑南东路等，而主要属夔州路。贵州大部分属宋，小部分属大理管辖，由于"北有大敌，不暇远略"的战略方针影响，贵州与中原地区的交流日益减少，但区域内的少数民族交融则进一步加强。宋室南渡后，北方为金所占。迫于形势，宋开南方马市，在四川和广西买马，贵州处于这两条马道的交会点上。"贵州马"分别成为"川马"和"广马"的一部分。南宋大量购买贵州马，对贵州经济影响很大，来往于云贵、黔桂、川黔之间的马帮，把西南各族的土特产销往内地，同时又带回大量金银、食盐、缯帛、文书及奇巧诸物。

元代是贵州发展的重要时期。元朝施行行省制度，同时在西南地区推广土司制度，贵州分属于四川、湖广、云南，实际大部为土司所统治。元征南宋过程中，开通由平溪经播州（今遵义）至乌撒（今威宁）及泸州经永宁至乌撒的大道，讨伐四川平章政事囊嘉特的反叛，联通由四川重庆经播州至贵州（今贵阳）的大道。为缓解运输紧张的状况，开拓由云南曲靖经普安（今盘县）、贵州（今贵阳）至镇远的驿道。至此，贵州南北、东西道路终告打通。道路交通的改善，大大促进了贵州的发展。同时，贵阳由于地处南北和东西道路交会点而迅速崛起，逐渐成为贵州的经济文化中心。

明代开始是贵州战略地位凸显的历史时期，其影响延续久远。明代中央政权对西南的战略经营，始于明洪武十四年（1381年）对云南用兵，史称"调北征南"。平定云南后，出于战略考虑，朱元璋将30万兵士屯于云南、贵州一带，固守西南。之后，又迁大量江淮移民到贵州，史称"调北填南"。征南和填南，不仅稳固了西南，改变了贵州"夷多汉少"的局面，而且带来了中原地区先进的农耕技术和文化，促进了贵州的大发展，为明永乐十一年（1413年）"贵州等处承宣布政使司"的建立打下基础。贵州遂成为全国13个布政司之一，此为贵州正式建立省的标志。到明末，贵州计有贵州宣慰司及贵阳、安顺、都匀、平越、思州、思南、铜仁、镇远、石阡、黎平十府，下辖九州十四县并数十土司。

清代，贵州政区进一步有所调整。吴三桂平水西后，将贵州宣慰司革除，设置了大定、平远、黔西三州。雍正年间强行"改土归流"使中央王朝的势力进一步深入苗疆腹地，设立了清江、台拱、丹江、八寨、都江、下江等"新疆六厅"。清雍正五年（1727年），将四川所属遵义府及其所属各县改隶贵州，同时，将毕节以北的永宁全境划归四川，将广西红水河、南盘江以北之地置永丰州，与广西的荔波和湖广的平溪、天柱一并划归贵州管辖。贵州行政版图自此大体形成并基本固定。到清末，除了明代十府外，贵州还增加了遵义、大定和兴义三府，另有14个厅、13个州、43个县、53个长官司。

民国时期，贵州地方政区进行了一次调整，以前的府、厅、州一律改为县，全省设3道观察使，1920年废道。1937年，贵州置6个行政督察专员区，分管各县。1941年置贵阳市。至1948年，贵州设1个直辖区、6个行政督察区、下辖78个县（市）。

1949年，中国人民解放军解放贵阳，成立了贵州省人民政府。新中国成立初期，全省设1个省辖市、8个专区、1个专区辖市，共置79县。1956年4月，撤销贵定、镇远、都匀三个专区，设置黔东南苗族侗族自治州和黔南布依族苗族自治州。

1967年，设置六盘水地区。1978年，撤销六盘水地区，设置六盘水市，为省辖市。1981年，撤销兴义地区，设置黔西南布依族苗族自治州。1997年，撤销遵义地区，设立地级遵义市。2000年，撤销安顺地区，设立地级安顺市。2011年，撤销铜仁地区、毕节地区，设地级铜仁市、地级毕节市。

截至2015年，贵州省设6个地级市、3个自治州；7个县级市、56个县、11个自治县、13个市辖区。

二、贵州的人口与民族

（一）人口概况

截至2014年末，贵州省常住人口约为3500万人。按城乡分，城镇人口约1400万人；乡村人口约2100万人。城镇人口占年末常住人口比重约为40%。按性别分，男性人口1817.91万人，女性人口1690.13万人。

数据显示的城镇人口比例40%，标志着贵州省的城市化进程进入了加速发展期，未来几年将是贵州城镇和建筑迅速发展的几年，传统建筑文化的传承使命尤为重要。

（二）民族概况

贵州是一个多民族共居的省份，全省共有民族54个，其中世居民族有汉族、苗族、布依族、侗族、土家族、彝族、仡佬族、水族、回族、白族、瑶族、壮族、畲族、毛南族、满族、蒙古族、仫佬族、羌族等18个民族。根据2011年5月公布的《贵州省2010年第六次人口普查主要数据公报》和《人口普查系列分析报告》，第六次人口普查的数据显示：全省民族构成仍以汉族为主体，共分布有54个民族，常住人口中，各少数民族人口为1255万人，占36.11%。全国56个民族中，除塔吉克族和乌孜别克族外在贵州省均有分布。各少数民族常住人口中数量排前5位的依次为苗族、布依族、土家族、侗族和彝族，这5个民族占少数民族人口总量的82.09%。其中：苗族397万人；布依族251万人；土家族144万人；侗族143万人；彝族83万人。

少数民族人口总量在全国排第四位，比重排第五位。普查显示：全国少数民族人口总量为11379万人，贵州占全国的11.03%，同2000年相比，占全国少数民族人口的比重下降了1.5个百分点。

按数量多少排序，全省1255万少数民族依次分布在黔东南、铜仁、黔南、毕节、黔西南、安顺、六盘水、贵阳和遵义。其中：少数民族人口最多的黔东南州，有少数民族人口273万；铜仁地区少数民族人口217万；黔南州少数民族人口180万；毕节地区少数民族人口172万；黔西南州少数民族人口111万；安顺市少数民族人口83万；六盘水市少数民族人口74万；贵阳市少数民族人口73万；遵义市少数民族人口72万。

第三节 贵州传统建筑的历史演变

一、元代之前贵州建筑的缓慢发展

由于缺乏早期建筑的实物例证，元代之前的贵州早期建筑只能通过考古发掘和历史文献的记载进行推测研究。

贵州属名副其实的"山洞王国"。一些视野开阔、取水方便且通风干燥的自然山洞是大自然赋予人类的原始居所（图1-3-1）。

旧石器时代，"洞居"是原始人类普遍采用的居住方式。"洞居"在贵州延续时间非常长，至今在安顺市紫云县中洞，还残存了一些原始"洞居"的影子。据考古发掘资料，旧石器早期如黔西观音洞、盘县大洞，旧石器时代中期如桐梓岩灰洞、水城硝灰洞、毕节扁扁洞，旧石器时代晚期如兴义猫猫洞、普定白岩脚洞等遗址均反映了原始人类利用自然山洞进行生活、居住的状况（图1-3-2）。

新石器时代，贵州古人类仍坚持了较长时期的"洞居"形式，如平坝飞虎山、长顺神仙洞。随着生产力的进一步发展，贵州地区逐步出现了大群体集中聚居的方式，"聚居"与"洞居"混杂的方式持续了很长一段时间。这一时期陆续发现一些露天遗址，有的面积达数千甚至数万平方米。如近年发掘的六枝老坡底遗址，发现了房屋、围栏、沟等建筑遗迹。房屋略呈正方形，屋中有火塘。

贵州青铜时代遗存不多，商周时期的毕节青场遗址，发现少量房屋等遗迹。房屋有半地穴式和地面式两种建筑。半地穴式房屋平面呈方形圆角，当中有3个较集中的柱洞。地面式房屋呈不规则长方形，隔为两间，每间留有火塘遗迹。房屋四周有柱洞，当中还有两排柱洞。出土文物除磨制石器、陶器等外，还有少量铜器残片。近年发掘的威宁中水鸡公山

图1-3-1 盘县大洞遗址（来源：娄青 摄）

图1-3-2 紫云中洞近景（来源：娄青 摄）

图1-3-3 可乐遗址出土的西汉"干阑"式陶屋模型（来源：转引自《贵州民居》第22页）

遗址，发现大量土坑及少数房屋、沟等遗迹和部分墓葬。坑多呈不规则长方形，还有圆形、椭圆形等。长宽一般不超过1米。不少土坑用青膏泥涂抹四壁。

贵州西部发现的战国秦汉时期当地民族的遗址、墓葬等遗存，多与汉代史籍记载的"夜郎"有关。发掘主要集中在普安铜鼓山、赫章可乐、威宁中水三地，出土的遗迹、遗物与当时巴蜀、滇、南越有明显差异，引起学术界的关注。长期以来，人们根据《史记》等古籍记载，普遍认为夜郎地域主要在贵州，因而十分希望考古发现能提供充分的证据。铜鼓山半山腰以上分布有面积3000多平方米的遗址，经两次发掘，发现房屋、窑址等遗迹，房屋形制尚不清楚，从柱洞分布看，可能是原有窝棚式建筑。夜郎时期的可乐遗址发现一处战国至西汉时期居住遗址。

自西汉武帝时期以后，中原地区的官吏、士兵、平民不断迁入贵州，带来先进文化，促进了贵州地区经济、文化的发展，开启了贵州社会进步的新时期。在黔西北的赫章、威宁、毕节、黔西、金沙、仁怀等地，黔东北的务川、道真、沿河等地，黔中的清镇、平坝、安顺等地，黔西南的兴义、兴仁等地，发现大量西汉时期的汉式墓葬，包括土坑墓、砖室墓和石室墓，形制与中原地区相似。在赫章可乐和安顺宁谷还发现东汉时期遗址。赫章可乐遗址出土大量几何纹砖、绳纹瓦片和瓦当，瓦当上有"建"、"四年"等铭文，上限最早可到西汉建元四年（公元前137年），下限最晚当为东汉建安四年（公元199年）。同时，在可乐遗址还出土了一件西汉时期带斗栱的干阑式陶屋模型，分楼底两层，悬山顶，与现在黔南、黔东南地区的干阑民居、粮仓的结构极其相似（图1-3-3），而务川大坪汉墓出土的陶屋模型，为面阔三间带前廊的建筑，屋面为悬山与歇山的结合，硕大的斗栱与汉代中原地区的做法基本一致，反映了当时此地受汉文化影响的程度（图1-3-4）。安顺宁谷遗址出土大量绳纹瓦片和瓦当，瓦当上有"长乐未央"铭文，说明当地曾有大规模、高规格的房屋建筑。

从三国至隋唐时期，贵州未发现那时的建筑遗迹，甚至连地下遗存都很少。现发现的一些被称为"孔明塘"、"诸葛营"、"孟获屯"的三国时期营寨遗存，也多为后人附会之说。人们只有从这一时期出土为数不多的墓室结构，一窥当时的建筑技术水平。在清镇、平坝、安顺一带，考古部门曾对两晋南北朝时期的土坑墓、砖室墓、石室墓等做过少量发掘，墓葬形制基本延续了东汉传统。隋唐时期的墓葬，仅发掘平坝熊家坡墓群中的3座唐墓，有砖室墓、石室墓两种形制。

贵州宋代建筑，亦只能从宋墓遗存中去寻找蛛丝马迹。从黔中到黔北，保存大量宋代石室墓，许多用巨大石料筑成。墓内多有石刻图案，内容丰富，雕工精美，常为夫妇双室合葬墓，其中尤以杨粲墓、夜郎坝宋墓、两岔河宋墓最为典型。杨粲系南宋播州沿边安抚使，其墓为夫妇合葬墓，石室规模宏大。墓内外共有人物、动物、花卉等各类雕刻190幅，被誉为宋代石刻艺术的精品。墓室的雕花隔扇门、四棱抹角方柱、月梁、栌斗、龙纹绰幕、筒瓦歇山屋面等仿木构石雕，与《营造法式》所载宋代建筑有诸多相似之处，表明贵州黔北地区建筑在宋代便与川南一带的建筑有诸多文化相通之处。在桐梓宋墓中还出现了坐斗上升出一正和两斜的斜栱，与现存务川池水"官厅"的做法颇为相似。这是否表明了黔北建筑之间的一些传承关系，尚待深究。

宋元时期，贵州陆续有了城垣建设。据考查，贵定县城城垣始建于宋代。黄平旧州城垣始建于南宋绍兴元年（1131年），宝祐六年（1258年）再筑。集镇也有所发展，赤水官渡镇在南宋末年已形成小集镇，瓮安瓮水寨于南宋绍兴年间开辟为集市。① 贵阳城垣始建于元代。宋元时代所建城垣，今存宋代望谟"蛮王城"城墙遗址、松桃平头司城城墙遗址和元代桐梓鼎山城城墙遗址、紫云和弘州城城墙遗址、都匀陈蒙州城城墙遗址等，多为夯土墙，也有部分石墙，因山就势修建，今仅残存墙基。② 元代贵州许多地方为各级土司所统治，分别建有宣抚司、安抚司、长官司等土司衙署，地面建筑早已不存。现存的衙署遗址也仅存部分石柱础及石台阶，无法考证上部建筑的形制。宋元时代，随着中原文化的深入传播，陆续修建寺观和书

图1-3-4 东汉陶屋模型（来源：转引自《贵州民居》第22页）

图1-3-5 圆通寺出土的元代脊兽、仙人、瓦当残件（来源：贵州省考古中心资料）

---

① 参见贵州省地方志编纂委员会.贵州省志·城乡建设志[M]. 第1版. 北京：方志出版社，1998.
② 参见《贵州省文物地图集》相关资料。

院。南宋修建的寺观，今存安顺清凉洞遗址、思南家亲殿遗址；建于元代的寺观，今存铜仁正觉寺遗址、石阡伴云寺遗址、遵义正一宫遗址。遵义"大报天正一宫记"残碑有播州土司杨价在南宋宝庆三年（1227年）修建"大报天正一宫"，杨文、杨邦宪、杨汉英"奉祠惟谨"，杨嘉真、杨忠彦于元元统元年（1333年）至至正六年（1346年）"赓建是宫"的记载。2006年1月，安顺圆通寺维修工程进行中，施工人员在工地发现一批脊砖、吻兽、仙人、瓦当、板瓦等建筑残件数十件（图1-3-5），经清理并初步研究，有专家认为这是元末明初的屋面建筑构件，揭开了元代建筑神秘面纱的一角。

德江煎茶溪古墓群中的元代石室墓，建筑风格与宋代一脉相承，但雕刻图样已趋于简单，雕工也不及宋代精细。元代还有砖室墓。德江青龙镇官坟堡砖室墓在村民修建砖瓦窑时被毁，发现"至元四年"买地券及铜鼓、铜锣等随葬品。出土时，宽沿大铜锣覆盖在倒置的铜鼓上，铜鼓内放置青石买地券。

随着生产力的提高，唐宋时期兴修了许多水利、道路工程，迄今尚存始建于唐宋时代的遵义"大水田"、瓮安"九龙堰"和建于元代的桐梓"松坎水堰"、石阡"千工堰"等水利设施。松坎水堰引"爬抓溪"灌溉农田数百亩，渠旁崖壁上隐约可见"大元岁癸酉，张长官开修此堰，元统元年记"摩崖石刻。元代还建渡口，修纤道，开发水上交通资源。沅阳河畔的施秉诸葛洞纤道，始凿于元大德十一年（1307年），北岸崖壁上刻有记载修路浚滩文字。

总之，因为缺少实物的印证，对元代之前的贵州建筑，除了从一些零星的遗址、墓葬和考古成果，能对建筑之部分特征及建筑技术有所管窥之外，总的认识是模糊不清的。这是需要更多的对比研究和考古发现才能填补的空白。

二、明清之后贵州建筑的突变发展

明清以后，特别是明永乐十一年（1413年）贵州宣慰司的设立，使贵州政治地位和军事战略地位进一步上升，加之东西、南北驿道的打通，使贵州交通大为便捷，经济迅速发展，客观上也促进了建筑的发展。明初"调北征南"，在贵州通往云南的驿道两旁大举屯兵。来自江南地区的屯兵，带来汉族地区的生产方式和传统文化，使各类建筑在贵州高原迅速诞生。

（一）城镇较之前有了较大发展

明代贵州建省后，随着战略地位的提升，城镇得到了快速的发展。除少数建于清代外，贵州城垣多数始建于明代。据明万历《贵州通志》记载，全省有城垣47座，贵阳、安顺、镇远、平越（今福泉）、真安（今正安）、赤水等城池，在明初即由土城墙改为石城墙，并借助城外河流以固守（图1-3-6）。及至清代，据乾隆《贵州通志》载，贵州境内共有城垣59座。贵州各地城垣，一般依山临水修建，如贵阳、镇远、铜仁、赤水，也有少数建于山腰的，如柳基古城垣、三都古城垣。当然，也有一些防御性很强的城垣建于山顶，如遵义海龙囤（图1-3-7）。贵州古代城市，体现了管子"凡立国都，非于大山之下必于广川之上。高毋近旱而水用足，下毋近水而沟防省。因天材，就地利，故城郭不必中规矩，道路下必中准绳"的规划思想。城墙一般筑有四门，但大多都呈不规则形。有的城池，为用水方便，增设水门，与码头相接，形成刚柔相济的特殊风格。

图1-3-6 镇远府城垣（来源：娄青 摄）

图1-3-7 遵义囤城垣遗址（来源：余压芳 摄）

图1-3-8 毕节大屯土司庄园（来源：娄青 提供）

（二）强化封建统治的衙署建筑大量出现

明清时期，中央王朝采取"土司"和"流官"并行的双轨制，逐步加强对贵州的统治，因此，封建统治象征的衙署建筑大量出现（1-3-8）。但由于明清时期贵州经历多次战乱，衙署建筑几乎全被毁坏。除榕江道台衙门、都江厅衙署、贵定大平伐长官司、草塘长官司衙署等少量建筑遗存外，余皆成为遗址。至今有迹可循的衙署遗址尚有70多处，其中宣抚司、安抚司、长官司、"土同知"等土司衙署占绝大多数。位于纳雍县乐治镇史家街村的水西宣慰府遗址，自下而上共六进。清康熙三年（1664年），吴三桂进剿水西宣慰使安坤，该建筑被焚毁。现仅残存石墙、柱础、基石等遗迹。贵州衙署建筑总体布局与中原地区衙署别无二致，只是在规模上略有区别，同样遵循"前朝后寝"的平面布局，一般均有大门、大堂、二堂和内宅等部分，有的衙署还配有内院、花园等。

（三）配合儒家教化的文教建筑遍布全省

明清之后，随着中央王朝统治的强化，不仅"改土归流"对发展民族地区文化客观上起到了积极作用，而且各大小"土官"也在不断学习先进的儒家文化，使儒家文化的影响力几乎遍及贵州全境。一时间，只要是条件允许，各府、州、县首先就是倡修文庙。同时，官办义学、建书院、设学宫、修考棚络绎不绝。为求人文蔚起、科甲挺秀，"前者下车立修文昌，后者莅位即建书院"，一时形成风气。许多配套建筑如文昌阁、魁星楼、奎文阁、文笔塔、惜字塔等应运而生。贵阳甲秀楼、文昌阁等就是在这样的背景下得以建成。紫云文笔塔建塔碑记称：在科举角逐中，小试辄就，大比终输，虽能掇泮水之芹，却难攀月宫之桂，原因是，其地山虽多，峰不秀；峦虽丛，不出头，必于高山之巅竖立文笔，方能"名登虎榜"。于是，官员捐献，民众集资，修建石塔。贵州与文化教育息息相关的上述建筑或遗址，尚存200多处。这当中的建筑代表当属文庙、学宫，如安顺府文庙、石阡府文庙、思南府文庙、普安州文庙、湄潭县文庙、普定县学宫等是贵州古代文教建筑的精品之作（图1-3-9）。

（四）反映宗教信仰的庙宇寺观祠堂星罗棋布

明清时期，随着政治强化、移民增多和农业发展，为满足儒释道等的信仰需要，各地大修庙宇、佛寺、道观、祠堂等祭祀性建筑。建城必定伴随建庙。如平远州（今织金）仅

图1-3-9 安顺文庙（来源：余压芳 摄）

从清康熙五年（1666年）至十年（1671年）短短6年的时间里，即雨后春笋般地建有文庙、武庙、斗姥阁、隆兴寺、东山寺、财神庙、城隍庙、马王庙、黑神庙、炎帝庙、地藏寺等10余座庙宇。其他如贵阳府、安顺府、遵义府、铜仁府、镇远府等地，更是土木大兴。迄今保存完好或尚存遗址的此类明清建筑，全省共有800多处，类型数量为贵州古建筑之最。当然，由于贵州战乱频仍，加之气候温湿，木结构建筑极难保存，当中的早期建筑目前仅见天台山伍龙寺、安顺圆通寺、贵阳拱南阁、盘县普福寺等几处明末清初建筑。平坝伍龙寺大雄宝殿大梁上，有明万历四十四年（1616年）维修题记，这是贵州迄今发现的年代最早的寺观大梁题记。安顺圆通寺始建于元，近年维修时发现有明崇祯七年（1634年）的题记，其覆盆式柱础和明间硕大的梁架是否为明崇祯七年之前的遗构尚需进一步研究。贵阳拱南阁为清顺治十二年（1655年）的遗构。盘县普福寺年代不清，但从建筑梁架遗存来看，当为清初建筑无疑。

在贵州修建佛寺道观，因受山形地势限制和世俗文化影响，多因地制宜，灵活多变，且各种宗教同居于一山，儒释道商齐聚于一堂，形成和睦共处、相安无事的格局。如平坝天台山伍龙寺、普定玉真山、镇远青龙洞、织金保安寺、黄平飞云崖等建筑均是充分利用自然山势，形成了独特的山地建筑（图1-3-10）。

明清时期还有一些庙宇带有地域信仰色彩，专门祭祀地方或民族神祇，诸如黑神庙、苗王庙，几乎为贵州所独有。

图1-3-10　平坝天台山伍龙寺（来源：罗德启 摄）

图1-3-11　赤水大同古码头（来源：余压芳 摄）

黑神庙祭祀唐代忠臣南霁云，"苗王"是苗岭山区苗族村民的入黔始祖，台江、榕江等地苗族人民建庙祭祀"苗王"，缅怀先祖开发苗岭山区的历史功绩。在黔东还有祭祀唐末五代之际"十峒首领"杨再思的飞山庙，现今仍存锦屏飞山庙和铜仁飞山宫等。

（五）因商而兴的古镇和商贸建筑日益增多

明清时期，三大因素促进了贵州对商贸的繁荣发展。一是随着云南经贵州到湖广的东西要道、四川经贵州至广西的南北要道的全面贯通，沿线府、厅、州、县用军事措施力保驿道的畅通，使贵州对外交流和商贸往来更为方便、安全。二是在官府主导下的乌江、赤水河、锦江、清水江、沅阳河、都柳江航道整治，带来的航运发展，促进了贵州木材、茶叶、五倍子、桐油、皮革等山货的外运和食盐、布匹等生活用品的内销。三是屯垦、移民等政策的实施，使贵州人口逐渐增多，生活用品的需求增加和商品需求的增长，使商贸往来成为发展的必然趋势。因此，一些扼水陆咽喉的交通枢纽和物产丰富的农林之乡逐步发展成为经济文化重镇，如贵阳、安顺、永宁、普安（今盘县）、郎岱、贞丰、安龙、思南、石阡、印江、打鼓（今金沙）、茅台、赤水、镇远、黄平旧州、铜仁、王寨（今锦屏）、黎平、古州（今榕江）、盘县等。同时也出现了一批专事商贸活动的集镇、水陆码头，如六枝岩脚、土城、丙安、大同、淇滩、清池、三门塘、茅坪、施洞、重安等（图1-3-11）。

城镇的发展也带来了建筑的勃兴。一些与商贸往来相关的建筑相继涌现。明清之后尤其是清晚期到民国期间，街肆、码头、盐号、商号、店铺、宅院、会馆等建筑几乎遍布贵州全境。这当中以会馆建筑为典型代表。会馆即外地工商行帮——"同乡会"。贵州迄今保留有万寿宫、仁寿宫、万天宫等江西会馆40多座，禹王宫、三楚宫、寿佛寺、湖广会馆、两湖会馆等湖南会馆30多座，川主宫、川主庙等四川会馆10多座，天后宫、娘娘庙等福建会馆10多座。[1]江西会馆为数最多，主要原因是明清"移民就宽乡"、"江西填湖广、湖广填四川"等移民政策的实施和江西商帮持续不断的商贸活动的影响。明清之际，不仅在贵州屯戍、经商的江西军民人数比较多，而且在贵州做官的江西人也特别多。会馆建筑中，以石阡万寿宫（图1-3-12）、赤水复兴江西会馆、清池万寿宫、黄平旧州仁寿宫、镇远天后宫、毕节陕西会馆、铜仁川主宫、黎平两湖会馆等为代表。

---

[1] 参见《贵州省文物地图集》相关资料。

（六）民族建筑的发展和逐步融合

明清时期，受汉式建筑技术及建筑文化的影响，贵州的民族建筑也在缓慢的发展中有了新的交流和融合。贵州经历了一个长时期的洞居、巢居、穴居和干阑并存的时期，干阑民居存在的时间跨度很长。据考古研究，在商周至两汉时期的成都平原、川南、川东、川西及云南、贵州都十分盛行干阑民居。[①]赫章可乐遗址出土的陶屋模型，至今还能在一些少数民族民居上找到与它类似的"干阑"结构。干阑民居虽然可以起到防潮、防猛兽和节约用地的作用，但由于其结构存在不稳定性和施工复杂，那种以底层柱网上架平台，再在平台上立柱建房的"干阑"式建筑逐渐过渡到上下柱子相通落地的穿斗式结构。明清时期，贵州苗、侗、布依、水、瑶、仡佬等少数民族，都普遍使用了楼居、半吊脚和吊脚楼的楼居形式，这也是干阑建筑和贵州山地结合演变的结果，是贵州最具地方特点和民族特色的古建筑。贵州少数民族村寨，无论是建筑环境、建筑布局、建筑用材、建筑造型，还是建筑工艺、建筑功能、修建习俗，都独具特色，是物质文化遗产与非物质文化遗产紧密结合的产物。苗族的郎德、西江，侗族的肇兴、大利，水族的水浦、怎雷，瑶族的董蒙，布依族的南龙、坝盘等村寨均为典型代表（图1-3-13）。

明清时期，贵州的少数民族建筑在自身缓慢发展的同时，与汉式建筑的交融也逐渐深入。一些军队屯垦、移民聚居的交通要道和自然条件较好的地区，以及商贸往来频繁的地区，民族建筑受到汉式建筑的影响越来越大，甚至有些地区基本与汉式建筑别无二致了。黔中地区的布依族受汉化的程度已经非常高，如花溪镇山村和开阳马头寨。在黔东一些水陆码头，其汉化程度也同样很高，如苗族的松桃寨英村和天柱三门塘，甚至在清水江中上游苗疆腹地的台江施洞、黄平重安，也出现了大量的汉式建筑。当然，这些受汉式建筑影响较大的建筑形式，在一些细部或装饰上，仍顽强地保留了一些当地民族建筑的元素。这是一种文化交融的具体体现。在建筑形式影响的同时，明清时期，一些中原和长江

图1-3-12　石阡万寿宫（来源：娄青 摄）

图1-3-13　肇兴侗寨全景（来源：胡光华 摄）

中下游地区的建筑文化和营造技术也逐步在贵州少数民族地区传播。如《鲁班经》中的择地、择日、造房等营建仪式，汉式的木工工具、营造技术逐渐在少数民族地区得到广泛使用。侗族地区的鼓楼、风雨桥，在明清以后融合了南方建筑中的楼阁、亭、廊桥、歇山顶、攒尖顶等元素而逐渐发展成熟。至今，在侗族建筑营建过程中，还存在"看风水"的习惯，水族也有用"水书"选择宅基地的习俗，这些都与明清时期建筑文化的交融有很大关系。

---

① 蓝勇.西南历史文化地理[M].成都：西南师范大学出版社，1997.

上篇：贵州传统建筑特征与解析

第二章 贵州传统建筑影响因子

贵州传统建筑的发展和演变深刻地体现出特殊的自然地貌与特定的历史事件交互影响特点，主要影响因素包括三大类：多山多水的地理影响因子、多民族交流融合的文化人类学影响因子、多方位外来文化持续作用的影响因子。第一，多山多水的地理影响因子方面，山地的险峻和水资源的分布不均对传统聚落的选址及空间布局的影响较大，形成了不同形态的山地聚落和适应地形的建筑形式。第二，多民族交流融合的文化人类学影响因子方面，贵州境内分布的少数民族种类数量超过50个，历史上，明代贵州省建设前后的民族关系发生过几次较大的变化，贵州省建省的"通道"标识和民族分布格局的重大变迁，传统建筑的特征也集中体现了各民族之间的文化交融特点。第三，外来文化持续作用的影响因子方面，明朝朱元璋时期的调北征南事件、长期发生的宗教文化传播、近现代发生的三线建设等事件在各个时期从不同方面影响着贵州传统建筑的发展和流变。在上述因子的交织影响下，贵州传统建筑呈现出多元化发展态势，特色显著。

第一节　多山多水的地理影响因子

一、山

（一）山地地势对贵州建筑封闭内聚发展的影响

贵州属新构造运动间歇性上升地区，因长期受到河流切割、侵蚀和溶蚀，全省除西部威宁及其附近的赫章、钟山区局部为保存较完整的高原面外，大部分地区已被切割成深山峡谷和山体破碎、地表崎岖的高原、山地、丘陵、盆地[①]。贵州省境内有89%属于高原和山地地形，高原山地和丘陵坝子相间分布，形成了跌宕起伏、变化复杂的地貌空间关系。由此带来的直接影响就是交通阻隔及信息不畅，因此在明朝贵州建省之前的久远时段里，贵州所在区域的建筑发展是持续而缓慢的，主要为土著的四大族系的少数民族建筑，考古发现和少量的文字记载表明，当时的建筑以干阑式建筑为主。明朝初期，贵州省建省以后，受到中央政权向西南突进的军事影响，贵州的建筑出现了突变发展，在东西驿道的军事战略和通道经济的影响下，大山阻隔的内聚式发展逐步转变为以黔中驿道辐射带带动下的多元发展模式。但是，在距离主驿道较远的地区，仍然保留着内聚式的发展格局。

贵州地处云贵高原，各族人民因地制宜修建形态各异的山地民居，无论是吊脚楼、石板房或是下层打桩、上层建房的干阑建筑，这些都与山地地理环境有十分密切的关联。

黔东南地区地处中南与西南地区相邻的大山里，交通闭塞，与外界交流极少，从总的状况来说，多年来仍然处于自给自足的自然经济社会。对山坡地貌较为适应的干阑建筑，在有限的用地上，最大程度地利用地形、开拓场地、争取使用空间，在基本不改变自然环境的情况下，跨越岩、坎、沟、坑以及水面，特别是以抬高居住面层的方式，建立起既适应地势，又具有安全性，并依赖它维持生存和发展的生活居住空间，十分突出地体现出地理环境作用于建筑文化的结果。

黔中地区山丘多而不成林，这里岩石分布以水成岩为主，山多石头多，石材比比皆是，因此这一带民间广泛建造石头建筑。在贵州安顺、关岭、镇宁等地的居民以石块为墙、石板代瓦建造石板房。其中以扁担山石头寨最为典型，这里的房屋结构及家庭生活用具均用石料制成。这些石头建筑，虽然布置自由并无规划，然而正是在无序中却体现出贵州山地建筑文化的特色，同时还让人们看到，地理环境可以为建筑文化的多样性提供可能。

历史上，贵州喀斯特自然环境的差异性对明清时期民族区域性分布的影响是深刻的，由此形成的区域性民族结构也是十分明显的。在一定的程度内，与社会和经济急速的变化相比，自然环境的变化显得十分缓慢。然而，当急速而强烈的社会经济变迁过去之后，它给大自然留下的"不变"余地还有多大，也已经以物质性的方式镌刻在大自然的山山水水之中，由此形成民族关系和民族问题最为深刻的向度。至今，贵州由于自然环境的封闭性，至今大多数的聚落仍带有鲜明的农耕文化色彩。而喀斯特山地环境的特殊性又使其农业景观独具特色。如：广泛分布于贵州境内的坡耕地景观、喀斯特石旮旯土地特殊农业景观、土层深厚水源良好的喀斯特坝子区的稻田景观、喀斯特山丘的牧业景观。其中，特殊的喀斯特地质条件下形成的农业景观是其典型代表，如在兴义纳灰村因落水洞的发育形成了"八卦田"、"日月田"等不同形态的独特农业景观类型。[②]

（二）山地地貌对贵州聚落选址及空间布局的影响

贵州的山地地貌对传统聚落的选址具有较大影响，也因山地地形地貌的多变而形成了山坡、山谷、山脊聚落选址特征，主要分布类型有以下几种：

[①] 贵州省国土资源厅，贵州省测绘局.贵州省地图集[M].2005.
[②] 赵星.贵州喀斯特聚落文化类型及其特征研究[J].中国岩溶，2010(4): 457–462.

1. 山腰台地及顺势架型聚落

将聚落选址在山腰台地上可以减少土石方量，节约建设成本，适合贵州"山地多，平原少"的用地特点，同时形成高低错落的建筑群体，构成丰富的聚落景观。在雨季和旱季之间，河流水位的落差较大，洪涝灾害严重，对生产和生活构成严重威胁。因此，城镇选址在山腰台地上对防洪和排涝也是非常有利的，可以避开在河流涨水季节对人们构成的威胁。[①]对于复杂坡面，尤其是径流冲刷和侵蚀的凸形坡，山地坡面险峻，为了防止滑坡和崩塌，采取利用地形架空建筑，增加建筑形态和山体形态的有机融合，能较好地保持原生态的自然环境[②]。

如郎德上寨位于黔东南雷山县苗族聚居地，它依山傍水，四面群山环绕，村前一条溪流清澈透明，宛如龙蛇悠然长卧。村寨的总体布局依山就势，疏密相间，形成似自然生长的寨落形态。村寨设置有寨门三处，作为寨落空间的界定及村寨出入口的标志，显现出强烈的空间领域感。村寨居高临下，与主要道路及溪流保持一定的距离，有一个较好的防范和缓冲区域，充分反映出村民对外界警戒和防范的意识（图2-1-1）。

2. 横跨山脊顺山就势而为的村寨聚落

山势是山脉的形态趋势，通常山势的变化是通过坡面轮廓的变化体现出来，村寨民居如果顺山势布置，既可兼顾山体的坡地形态，又能维护坡面生态系统的完整，同时还能取得建筑形态与自然山体形态的一致性与和谐性。[③]

如西江千户苗寨由平寨、东引、也通、羊排、副提等12个自然村寨组成，现有1200多户，6500多人。西江千户苗寨的房屋是依山傍水、顺山就势而建的山寨，寨中大多是吊脚楼。全寨民房鳞次栉比，次第升高，直至山脊，别具特色，被专家誉为"山地建筑的一枝奇葩"。西江千户苗寨总体布局的吊脚楼分为三层，高处的吊脚楼凌空高耸，云雾缠绕，低处平坦舒展，绿涛碧波。木楼屋前或屋后竖有晾禾架或建有谷仓，秋冬时节，金黄色的苞谷、火红色的辣椒、洁白的棉球等一串串地悬挂于楼栏和楼柱，既不怕潮霉，又能防鼠，天然粮仓，色香盈楼，把锦绣苗乡装点得更加绚丽多彩。西江千户苗寨民居建筑的总体布局由山脚延展至山脊顺势而上，舒展平缓，特别是位于山顶、山脊处的西江排样寨，建筑高度都比较低，较好地满足了山体形态的原生态，保持了建筑与自然环境的有机融合，建筑群体轮廓的走势充分体现了与自然山体坡度形态的一致性（图2-1-2）。

图2-1-1　雷山郎德上寨（来源：娄青 摄）

图2-1-2　西江千户苗寨（来源：娄青 摄）

---

① 邓磊.贵州少数民族地区山地人居浅析[J].规划师，2005(1): 101–103.
② 罗德启.贵州民居[M].北京：中国建筑工业出版社，2008: 58–65.
③ 罗德启.贵州民居[M].北京：中国建筑工业出版社，2008: 58–65.

3. 河谷坡地型聚落

当建设在山体坡度较为陡峭的山脚下时就容易形成类似峡谷状的城镇，这类城镇通常以一条或两条街道为主，形成台地式沿河发展，城镇规模较小[1]。

如滑石哨村寨位于关岭县与镇宁县交界的打邦河右岸，距著名的黄果树瀑布不到2公里，是布依族的一个典型村寨。该村寨建于河谷坡地，坐西朝东，村寨用地南北长、东西窄，全村有近40户居民。村寨的民居由村寨入口自上而下布置，房屋疏密相间，随坡就势。寨内的一条石阶干道，与纵横小路连成交通网络，横向小道多沿等高线布置。

寨内的11株大榕树，几乎覆盖了整个村寨，构成了一幅具有布依族村寨独特风格的自然画面（图2-1-3）。寨中有两处被枝叶繁茂的千年古榕掩盖的广场，一处位于进寨的入口处，广场周围设条石坐凳，这里是全寨的活动中心，通过一座石拱桥，可以将人流引入村内；另一处是寨内的"土地庙"广场，土地庙供有"土地爷爷"和"土地奶奶"，这个广场也是寨民们平时活动的场所[2]。

河谷型坡地水资源较为丰富，在山地区域，土地资源有限，利用有限的河谷坡地建造小型村寨，可以借此欣赏河床深浅变换的景观，于此居住，回味无穷。

图2-1-3 关岭滑石哨布依山寨（来源：郭秉元 摄）

4. 山间盆地型聚落

盆地是周围山岭环峙、中部地势低平似盆状的地形。由于盆地相对开阔、交通便利、水源充沛、土地肥沃，成为历史城镇的选址之地。盆地型聚落常常是背山面水，与周围山体之间形成两种结合的状态。

（三）山地地貌对贵州建筑形制和技术材料的影响

贵州传统民居在建筑材料、建筑布局、建筑形貌与内部特征上，反映了一定历史时期内人对喀斯特山地环境的适应、改造和利用，是人们科学技术、文化、思想等的结晶，具有深厚悠久的文化内涵，如布依族的石板房、苗族的吊脚楼、屯堡建筑等。大到聚落布局、建筑风格，小到生活器皿、手工艺品，都具有明显的喀斯特环境作用的痕迹。如在黔南荔波厚层石灰岩广泛发育，同时树木也较为茂盛，故当地布依族居民就地取材用石灰岩和木头组建民居与禾仓，又因傍水而居，为防潮，他们多用石头和木头将民居与禾仓架在离地面一定的高度上。可见，因喀斯特环境的差异，民居的形式与风格也有所不同。[3]

贵州丹霞地貌主要分布在西北部赤水及习水一带，以赤壁与急流瀑布相伴为主要景观特色。习水一处悬崖峭壁，雨痕、岩层与苔藓共同组成一幅悬挂的"中国地图"，遂取名为"赤壁神州"。重庆市与贵州接壤的四面山地区有大小溪流40余条。在长期的发展历程中，赤水和习水地区居民在其特殊的丹霞地理环境中生存繁衍，养成了特有的生产、生活习惯，传承独具特色的传统文化，如少数民族文化、会馆文化、古镇文化等（图2-1-4）。这些传统文化与丹霞地貌独特的地理环境和谐共生、交相辉映。[4][5]

---

[1] 邓磊. 贵州少数民族地区山地人居浅析[J].规划师, 2005(1): 101–103.
[2] 罗德启. 贵州民居[M].北京：中国建筑工业出版社, 2008: 58–65.
[3] 赵星. 贵州喀斯特聚落文化类型及其特征研究[J]. 中国岩溶, 2010(4): 457–462.
[4] 钟金贵, 王爱华. 传统文化在赤水丹霞旅游开发中的作用[J]. 湖南省社会主义学院学报, 2011 (6): 65–67.
[5] 王爱华. 赤水丹霞旅游开发对传统文化的影响研究[J]. 生态经济, 2011 (12): 162–165.

图2-1-4 赤水复兴江西会馆（来源：王志鹏 摄）

二、水

山脉走向决定江河流向，苗岭为贵州省境内长江水系与珠江水系的分水岭。苗岭以北长江水系的主要河流有乌江、赤水河入四川、重庆汇注长江，锦江、清水江、沅阳河入湖南洞庭湖汇入长江；苗岭以南珠江水系的主要河流有南盘江、北盘江、红水河、都柳江等，均注入广西的西江，汇入珠江。贵州地形对陆路交通形成了高度制约，因此在现代交通发展之前，境内的几大水系承担了对外交通的重任。乌江、赤水河、锦江、清水江、沅阳河、都柳江中下游等地区，均受惠于河道航运的开发。自古以来，航运兴则经济兴，经贸发展随之带来文化交融，因此，这些水系周边的建筑，均受其下游建筑文化的影响。贵州淡水资源丰富，所以又有"高原水乡"的美誉。

（一）干流水系对贵州传统建筑的影响

贵州的主要干流水系沿岸分布的建筑特征受其下游经济文化的影响较深。

赤水河对贵州古建筑的影响主要表现在赤水河的盐运文化所衍生的酒文化和商会文化所带来的影响，赤水河沿岸明显分布了众多的以商品交换为主的古镇，如丙安古镇，在码头附近，还有大量的会馆建筑。赤水河流域发源于云南省镇雄县，流经滇、黔、川三省10县(市)。贵州省境内赤水河流域文化体系由多种文化组成，是新旧文化重叠和整合的结果[1]。赤水河流域存在的三个文化主线，分别为：盐运文化、古镇文化、红色文化，随着文化变迁最终形成多重文化在时空上的层叠和整合。贵州地处西南内陆，素不产盐，自古以来从周边省份输入。以川盐入黔为主。从先秦开始，川盐入黔主要仰赖于河川与古道，赤水河便成为了主要通道。川盐入黔水运的兴盛，在赤水河沿岸留下了厚重的盐运文化。沿岸多地修建盐运博物馆或展厅，如吴公岩古盐道博物馆、仁怀博物馆盐运展厅等；留下百余处的盐运文物胜迹，其中不乏各级文物保护单位；当地政府修建数量相当的与盐运文化相关的设施和景观；还有大量的书籍和诗文记载等。盐运业的壮大推动着筏运业、酿酒业以及商业等的蓬勃发展。沿赤水河每隔30或50里便有作为川盐集散的驿站，它们随着各个行业的迅速发展转化为大大小小的新兴集镇，形成时至今日仍然灿烂的古镇文化[2]。例如：依托盐运发展起来的土城镇，它以传统民居为代表，反映了一定时期的传统风貌，凝聚着古镇丰满而深厚的盐运文化底蕴（图2-1-5），体现了黔北小镇民居的特点和淳朴的建筑风格[3]。又如明末清初发展起来的大同古镇，作为川黔水路货运枢纽，这里曾经商客不断，保存了各地商人捐资修建的会馆建筑、豪宅大院、望族祠堂、祭祀类建筑等[4]。

牂牁江位于贵州省六盘水市六枝特区西部，据《史记》载："夜郎者，临牂牁江，江广百余步，足以行船"。牂牁江流域保存了丰富的夜郎文化和少数民族文化，拥有被中外专家誉为"夜郎都邑之乡"的茅口古镇，被誉为"夜郎国都

---

[1] 魏皓严，郑曦. 潜伏在"过去"——赤水市丙安镇红一军团纪念馆.建筑学报，2009(12).
[2] 刘洁，李迪华."四渡赤水"区域多重文化时空叠合研究[J].城市发展研究，2014(10).
[3] 陶宏.长征路上的盐运重镇——贵州土城[J].盐业史研究，2013(02).
[4] 何雄周.黔中名胜拾遗——贵州大同古镇[J].//贵阳市委党校学报[J]. 2013(02).

亮湾之河段，全长95公里，流经黔东南的镇远、施秉、黄平三县。㵲阳河流域集自然风光、人文景观、民族风情为一体，以镇远古城为龙头，旧州古城为龙尾，㵲阳河独特的山水自然风光围绕，具有很高的历史文化价值。如镇远作为青山秀谷中古朴神秘的边寨古镇，已有2000多年的历史沉淀，中河山上的宫、院、殿、阁、楼、亭、古码头及其连接的古巷道，展现着镇远曾经的繁华和文化的多元。

（二）支流水系对贵州传统建筑的影响

贵州作为一个平均海拔1000米以上的高原山地省，喀斯特、红层丹霞、浅变质岩这3种地貌大面积分布。发育在这三大地貌景观中的上千条河流，是贵州自然山水风光的灵魂。贵州高原的河流水系，顺应自西向东倾斜的垄状高原山地的地势格局，向北、东、南三面呈扇状展布。位于省中南部的苗岭以南为珠江水系，主要河流有马岭河、北盘江、涟江、曹渡河、六硐河、樟江等。苗岭以北属长江水系，主要河流有赤水河、乌江、㵲阳河、清水江等。受地质构造的控制，这些河流均自北向南径流。发源于中西部喀斯特高原面上的诸多河流，如乌江中上游沿岸众多支流，以及苗岭南侧的打帮河、格凸河、涟江、六硐河等河流，一般上游坡降缓、河谷宽浅，下游坡降大、河谷深切，瀑布跌水众多，地表明流与地下伏流频繁交替，河谷中高大的天然桥屡见不鲜。贵州东部浅变质岩山区和北部红层砂岩山区的河流，例如清水江、都柳江、赤水河等，上游坡降陡、河谷深切，而中下游坡降缓、河谷宽浅，河谷两岸梯田层层，村寨密集，农业富庶，并有舟楫之利。[②]河谷水系会随地形地貌形成高原湖泊，形成独特景观（图2-1-6）。

支流水系的分布情况会从城镇布局形态、建筑组合特征等方面形成制约和影响。现以贵阳的南明河为例进行说明。贵阳市内共有南明河、贯城河、市西河三条主要河流穿城而过，另有小车河、富水、龙洞河流入贵阳后，汇入南明河而

图2-1-5 习水土城船帮建筑（来源：娄青 摄）

前宫"的木城郎岱古镇，有一座距离镇中心仅3公里的南极山——夜郎夏宫。郎岱老城一带的古建筑独具特色，保存完好的有观音阁、财神庙、龙宫祠等。古城中的木城址碑、古城墙、民居、兵役局、观音阁、江西会馆及文笔塔等具有较高的历史、科学和艺术价值。烊河江流域居住的少数民族主要有苗族、土家族、仡佬族。民居多为干阑式建筑，大多建有排楼、晒楼等，结构合理，适于山地气候特征。房屋多为土木架构或者土砖结构。[①]

㵲阳河位于贵州东部，西起黄平旧州，东至镇远城东月

---

① 王子尧.论贵州石阡夜郎民族历史文化的保护与开发利用.贵州民族学院学报(哲学社会科学版)，2012(02).
② 李兴中,李贵云.贵州之水三面流[J].森林与人类，2013(07).

图2-1-6 习水天鹅池（来源：余压芳 摄）

图2-1-8 雾中山寨（来源：余压芳 摄）

图2-1-7 贵阳甲秀楼（来源：法国明信片）

流经贵阳城区。贵阳的崛起是从南明河畔发祥的。南明河自西而东，穿城而过，蜿蜒十余公里，到水口寺隐入大山。据史料记载，旧时的南明河畔名胜颇多，光寺庙就有近二十座，后来由于几经风雨沧桑，大都消失。现存的具有四百多年历史的甲秀楼，佛教名寺黔阳寺，道教圣地仙人洞，古朴典雅的翠薇阁等，依然独具风采（图2-1-7）。以贵阳城区为中心的南明河流域，自明初建省后，移居、游宦文人渐多，文教渐开；王阳明讲学以还，更是人文荟萃，名流辈出。南明河是从花溪区进入城区，即称四方河，流经南明、云岩，于黔灵乡安井进入乌当区。河上有桥13座：四方河桥、电厂桥、五眼桥、窄口滩桥、新桥、一中桥、朝阳桥、南明桥、浮玉桥、团坡桥、水口寺桥、白岩大桥、安井大桥。大小桥形态各异，其中以康熙年间建造的浮玉桥、水口寺桥，明朝建造的南明桥最具特色。[1]

三、气候

谈到贵州的气候，"天无三日晴"的凄风苦雨景象是一般人的第一印象。事实上贵州的气候并非如此恶劣，大部分地区的气候特点是，四季分明、气候温和、雨量充沛。

贵州属典型的亚热带温润季风气候，由于海拔较高，纬度较低和受东南风影响，雨量充沛，温暖湿润，水热条件好，空气非常清新，气候适宜，年均气温15℃左右，最热的七月份平均气温为22℃～25℃，最冷的一月份平均气温多在5℃，年温差小，可谓春无沙尘，秋无台风，冬无严寒，夏无酷暑。省内大部分地区降雨量1200毫米。年平均相对湿度在80%左右，全年日照数在1200～1800小时之间，日照率在30%～40%之间。年平均风速在1～3米/秒之间。从总体上说，贵州的气候为开敞的建筑布局提供了气候条件。

由于贵州地处云贵高原东半部，地势由西向东、南、北三个方向倾斜，从气候的差异性来说，垂直差异远较水平差异来得大，立体气候明显（图2-1-8）。

由于地形、地势的影响，省内气候大致可分为以下几

---

[1] 何君明. 南明桥[J]. 贵阳文史, 2004(01).

个基本气候区：黔西北属温暖夏湿凉温润气候区，黔南属亚热带夏湿春干炎热气候区，黔中属亚热带温润气候区，黔北属亚热带温润暖气候区。整体来看，贵州在我国的气候体系上，算是相当特殊的例子。因此，不同地区的建筑，还是会受到地区气候影响而具有差异性。

贵州南部距海洋仅500多公里，省境内的倾斜坡面又朝向海洋，终年都受到来自海洋的温暖湿气流影响，具有易于凝云致雨，空气湿度大的气候特色。

因为山多，且地形复杂，地处亚热带地区，每年秋季至翌年春季，北来的寒流与孟加拉湾来袭的温暖气候在此交汇，受省内崎岖地形的滞碍，形成较持久的阴雨天气。气候温润，冬无严寒，夏无酷暑，也是决定贵州建筑形态的因素之一。由于特殊的气候，贵州冬暖夏凉，所以有"南国凉都"之称，成为全国避暑的绿洲。由于贵州淡水资源丰富，所以又有"高原水乡"的美誉。

四、植物

贵州山地生态环境的复杂多样，适于各类植物的生长发育，因而生物种类繁多，资源丰富。全省共有维管束植物250科、1551属、5661种。植物种类之多，仅次于云南、四川、广东、广西，居全国第五位。贵州还有一些独特的当地植物，如梵净山冷杉、青岩油杉、赤水蕈树、贵州椴、安龙油果樟、贵州苏铁等（图2-1-9）。

贵州古代人烟稀少，交通闭塞，直到16、17世纪，黔北、黔东北以及黔东南地区，仍分布着大量原始森林，有"远山闻虎啸，近山百鸟鸣"的情景。中部地区也是"树深不见石，苍翠万千里"的景象。明代以后，中央王朝加强了对贵州的管控，明、清两朝在贵州进行了多次"皇木"采购。建于明宣德二年（1427年）的明成祖朱棣长陵棱恩殿，殿内60根硕大的金丝楠木柱即来源于四川、贵州、湖广的深山峡谷之中。清人郑珍在《遵义府志》中对明永乐四年（1406

图2-1-9 赤水桫椤（来源：余压芳 摄）

年）至清道光二十四年（1844年）438年间的"皇木"采购进行了粗略统计，发现木官入黔采伐竟有29人次之多。仅明嘉靖二十六年（1547年），紫禁城三大殿遭受火灾，就采楠木15712根。万历三十六年（1608年），紫禁城三大殿灭，采楠木也在万根以上，为12298根。清雍正四年（1726年）建"万年吉地"，也先后到贵州采办大批贵州楠木[①]。因此，从故宫到明清皇家陵寝等古建筑中，都有贵州深山楠木、梓木、杉木的身影。

明代，在赤水河、清水江、都柳江出现人工栽植杉木，"苗杉"远销中原地区。清代，人工造林规模扩大，苗岭山区植杉越来越多，清水江、都柳江、沅阳河上游一带采用林

---

① 参见贵州省地方志编纂委员会.贵州省志·林业志[M].贵阳：贵州人民出版社，1994年.

粮间作，已培育出大面积的杉木林。

大量原始森林和人工种植林，造就了贵州传统建筑以木结构为主的结构形式。木构建筑的营造方式，至今都还在黔东南苗族、侗族等少数民族中使用。

第二节　多民族交流融合的文化人类学影响因子

一、贵州省境内分布的四大族系

贵州境内有四大族系——百濮、百越、氐羌、南蛮，这四大族系按其语言划分，均属于汉藏语系。在这四大族系之中，战国秦汉时期，统治者往往就是濮、夷族系的各部，概称为"西南夷"[①]。

（一）百濮族系

百濮族系的大部分一直就生活在贵州高原。所谓"百"，主要是指其支系多，濮人是我国古代人数众多、支系纷繁、分布广阔的强大族群之一，当时主要分布在东起今湘、鄂、黔交接地带，西迄今滇、黔、川、桂交接的地区。在西南地区，大体上《史记·西南夷列传》中记载的以"耕田，有邑聚"为特征的夜郎、滇、邛都等部族，均属于该族系。他们主要分布在云、贵、川三省，其中夜郎主要分布于贵州境内，还有云南东部以滇池为中心的靡莫和位于今四川西部西昌邛海为中心的邛都都是濮系民族，他们不但民族源流相同，而且地域相连，社会发展程度也基本一致，都进入了定居农业阶段。

（二）氐羌族系

氐羌族系是由春秋以前从西北移入西南一带的古羌人构成，战国以来已经从羌人中逐步分化出来，被称为夷人。

大体说来《史记·西南夷列传》记载的以"编发随畜迁徙，毋常处，毋君长"或"或土著，或迁徙"为特征的昆明、徙、筰都、白马等生活在西南的各部族，则属于氐羌族系（夷）。据《后汉书·西羌传》记载，公元前4世纪初秦献公统治时期，羌人一支爰剑之后，因"畏秦之威"，乃"出赐支河曲西数千里，与众羌绝远，不复交通。其后子孙分别，各自为种，任随所之。或为髦牛种，越羌是也；或为白马种，广汉羌是也；或为参狼种，武都羌是也"。在司马迁的笔下记载的以白马为首的部族，指的就是这部分春秋战国之际从河、湟南迁的古羌人。

（三）南蛮族系

南蛮族系也称苗瑶族系。生活于西南的蛮系民族，主要与"廪君蛮"、"板楯蛮"和"盘瓠蛮"有关。廪君蛮起源于湖北西部的清江流域，后迁居四川东部，主要居住于当时的巴国境内。板楯蛮主要分布在秦、蜀、巴、楚之间，即今川东北到鄂西北一带，属于巴人中的一支。盘瓠蛮是古代"三苗"或"有苗"的后裔，原分布在江淮、荆州，即今两湖、豫南以及苏、皖北部一带，夏代以前在向中原发展的过程中，先后被炎、黄族众战败，被迫退回江汉一带，及至春秋、战国时期，楚国强盛，古三苗中的若干部落被逐步融合，而其中的一部分在逐步退缩到今湘西、黔东一带的同时，与从中原辗转南迁的以盘瓠为图腾崇拜的卢戎杂处，成为今苗瑶语各族的先民。

（四）百越族系

在今贵州南面的两广地区，先秦时期是百越族系中的南越、西瓯和骆越的聚居区域，总体来讲，南越主要分布在广东，西瓯、骆越则分居于今桂东、桂西一带。其社会状况，从秦始皇命尉屠睢率兵伐五岭的过程中看，仍处于原始社会末期部落联盟的阶段。因而在今贵州世居少数民族中的壮侗语族当然地延续了百越族系的血脉。

[①] 本节内容参见：杨昌儒，孙兆霞，金燕.贵州民族关系的构建[M].贵阳：贵州人民出版社，2009.

二、明代贵州省建省前的民族关系历史

（一）明代以前贵州民族的民族关系主流

从历史上来看，贵州的民族关系较为复杂，各个时期的民族关系并不一样。汉武帝时期唐蒙通夜郎以前，民族关系比较单纯，主要表现为少数民族之间的关系。从唐蒙通夜郎以后至唐宋时期，随着中央王朝势力的不断深入，民族关系逐渐复杂起来，既有"羁縻"，又有"征伐"；既有汉朝官吏的统治，也有汉族移民的开发；既有汉族与当地民族的矛盾，也有当地各民族相互之间的矛盾。然而不论如何，多民族杂居的事实表明各族人民的关系基本上是友好的。因此，此时期的民族关系主流可以说是贵州各族人民错居杂处，在经济上相互促进，在文化上相互交流，在生活中相互往来，在语言上相互沟通，各民族共同开发贵州，共同繁荣贵州的经济、文化，共同创造了贵州的历史。

（二）明代以前贵州民族的地理分布

明代以前贵州民族的分布有一个较为突出的特点，就是以一个或两个民族为主，形成板块状，其间间杂有其他民族。贵州北部从春秋以来，一直是百濮族系的聚居区，而贵州南部从秦以来，一直是百越族系的聚居区。秦汉以降，氐羌族系和苗瑶族系进入，几大族系相互交融，至唐代在贵州境内形成了板块状的分布格局。具体来讲，黔西及黔西北主要以彝族为主，其间有仡佬族以及随元军进入的回族、蒙古族和白族；黔北分布的主要是仡佬族，其间有一部分苗族；黔东北主要以土家族和苗族（红苗）为主，同时还有仡佬族等；黔东以及黔东南主要以苗族、侗族为主（其东部主要以侗族为主，其西部主要以苗族为主），其间有一部分水族、瑶族等民族；黔南主要以布依族、苗族为主，其间有一部分水族和瑶族；黔西南主要以布依族、苗族为主，其间有彝族和回族聚族而居；黔中一带自然是几大板块的结合点，一直是多民族杂居，在其间生活着苗族、布依族、彝族、仡佬族。

（三）明代以前汉人入迁贵州简况

从对贵州的民族源流、汉人迁入贵州和汉人"夷化"现象的描述，可以看出，明代以前今贵州地域人口稀少，"夷"多汉少，交通不畅，封闭性强。由于从秦汉时期到元代，中央王朝无力或无心经营，导致了当地的社会经济文化与中原有了较大的距离，被历代统治者视为蛮夷之邦、化外之地。然而随着明朝的建立以及对西南边疆的重视，贵州的战略地位由此凸显，明代在贵州的政治举措，预示着贵州千年亘古不变的状态即将被打破，一个新的政治、经济、文化格局即将形成[1]。

三、贵州省建省的历史事件分析

（一）军事地理位置凸显对贵州区域的影响

贵州"山国"，高原山地起伏，乌蒙山脉地势最高，从云南伸入本省威宁黑石头后，分为东北支、东南支和南支，蔓延盘踞于贵州西北部地区，最高处海拔2689米，最低处海拔1884米。大娄山脉，北东向贯穿黔北，是贵州的北部屏障。苗岭山脉，横亘贵州中部，面积广大，为长江与珠江两大流域的分水岭。苗岭山脉分为从西向东、从北向西、从中向南。雷公山系南从广西九万大山进入贵州荔波、从江、榕江的月亮山，经三都与榕江交界的小脑坡，沿雷公山，经剑河剑鼻岭直抵贵州、广西、湖南三省交界处，构成所谓九万山区。武陵山脉位于贵州省东部，北东向进入湘西，是长江南岸支流与乌江和沅江的分水岭。[2]贵州虽属云贵高原，但地形起伏激烈，众山横亘延绵，却又切割深刻。整体上是西高、中降、东低，山峦起伏之中无数小区域丰富复杂。故明

---

[1] 杨昌儒，孙兆霞，金燕.贵州民族关系的构建[M].贵阳：贵州人民出版社，2009：48.
[2] 贵州省第三测绘院编制：《贵州省综合地图册》，2003年.

代大思想家王阳明贬谪到贵州时，面对"跬步皆山"的地形，不禁惊叹："天下之山，萃于云贵；连亘万里，际天无极。"①

从地理位置看，贵州是个不沿江、不沿边，却近海、近江、近边，处于大西南腹心的要害之地，是东南西北邻省区间交通的必经要道。故有"上云南，下四川、下湖南、下广西"之说。明末思想家顾炎武曾释贵州是"绥服要区，坤维重镇……关雄虎豹，路远羊肠，可守可战。困滇楚之锁钥，亦蜀粤之藩屏"，"以肘腋咽喉乎四省也"。②顾祖禹《读史方舆纪要·贵州方舆纪要序》也说"常考贵州之地，虽偏隅逼窄，然驿道所经，自平溪、清浪而西，回环于西北凡千六百余里，贵阳犹人之胸腹也，东西诸府卫犹人之两臂然。守偏桥、铜鼓，以当沅、靖之冲，则沅、靖未敢争也；踞普安、乌撒，以临滇、粤之郊，则滇、粤不能难也；扼平越、永宁，以扼川蜀之师，则川蜀未敢争也，所谓以守则固也。命一军出沾益，以压云南之口，而以一军东指辰沅，声言下湖南而卷甲以趋湖北，武陵、澧阳不知其所守。鹰击荆南，垂头襄阳，而天下疆之腰膂已为吾所制矣！一军北出思、黔，下重庆，敌疑我之有意成都，而不疑我之飘驰葭萌也。问途沔北，顾盼长安，而天下之噤吭且为我所掎矣！所谓以攻则疆矣！如是而曰贵州蕞尔之地也，其然乎哉！"

然而，在明代建立贵州行省之前，贵州并不是一个独立的行政区域，而分属于周边省区。如元代贵州分属于湖广、四川、云南，事实上是三省的"边地"。从文化视角上看，贵州正处在荆楚、巴蜀、两粤以及滇文化圈的边缘。以今日贵州区划为视角，其内部仅因山高路险而造成阻隔。故清朝任贵州布政使的爱必达曾在《黔南识略·总叙》中说，贵州之地"介楚之区，其民夸。介蜀之区，其民果。介滇之区，其民鲁。介粤之区，其民蒙"。因此贵州多元文化的特质，其形成机理不仅限于地理条件和文化特征关联的考察更失之

肤浅。当时人们对贵州地理位置的体认是：虽然观点各异，却都表达了贵州作为一个独立省区有其政治、军事意义的重要性。

从秦汉到明初，贵州地位的逐渐凸显，一直是与中央对西南边疆的关注和经营息息相关，也与汉文化的移入息息相关。宋代以前，中央王朝统治中心在黄河中游，从地理控制的角度，才有先秦时期命常颁率军开五尺道，使地处乌蒙山区的黔西北以驿道之利进入统治者的视野。而以巴蜀为基础，以北方旱地农业和畜牧业为模式的汉文化，恰好在黔西北的高海拔区找到适合的土壤得以展开。通过从北向南穿越西北的乌蒙山区和北部大娄山区，再深入贵州腹地的汉文化传播路径由此形成。虽经历一千多年的断断续续的"开发"，终因力量薄弱，而让位于宋之后的汉文化，改由东部进入、纵贯贵州的开发路径。这条路径的开辟，得益于宋代之后汉民族经济中心向长江下游偏移，明廷借灭明昇夏政权之机以黔东北为突破口，整合了贵州原有土司势力，后三次调北征南，使黔东经黔中到云南的主动脉驿道的形成终成定势。江南、湖广稻田精耕细作的农耕主流文化，随之在黔东、黔中的适宜环境中扎下了根，并以此为中心向周边地区渗入。可见在贵州建省之前，贵州与汉文化交融的地域和通道，受制于中央王朝统治中心位于何方以及由此决定贵州地理向它展开的界面。这个界面宋之前在黔西北，宋之后在黔东南。这个通道宋之前由四川经黔西北一隅而入云南，宋之后主要由湘黔、滇黔贯通贵州东西全境。对中央政府而言，只是一个通往云南的通道，贵州建省时并不具备作为一个省级行政区域的主体地位，而仅仅是一个通往已不是蛮荒之地的通道。

（二）贵州省建省的目标性

明永乐十一年（1413年），明朝政府趁思州宣慰使田琛与思南宣慰使田宗鼎相互攻杀之机，一举将此二宣慰司革

---

① 参见王守仁《重修月潭寺建公馆记》.
② (明)顾炎武：《天下郡国利病书》卷113.

除，以其地建立八府。这样，在明洪武二十六年（1393年）建立军事机构贵州都指挥使司的基础上，20年后，顺理成章地设立贵州承宣布政使司，贵州始为一省，成为明代十三布政使司之一。

贵州建省既是以经验的客观存在，又是以逻辑的鲜明指向，将六百年前一个深藏于云贵高原山区分属于几个行政区划边缘的"化外"之地，整合进入了一个刚刚崛起的帝国疆域之中。这个帝国是一个有着几千年文明史的强大民族共同体的延续，从此开始，它又走向不同于以往的、崭新的历史起点。贵州省就在此时诞生。作为第十三个行省的贵州，使原本处于几个行政区划边缘的自在、自为的民族群体，真实而又具体地纳入国家，自觉体认必将到来的"民族国家"的肇始。于是，今天贵州各民族的历史，在共同的经历、不同的体验中铺陈开来。

（三）贵州设立卫所的战略举措

1. 明代卫所组织机构

贵州传统建筑中，包含了大量的卫所建筑，依托普安卫、普定卫等历史关隘的军事城堡而存在。

明朝建立后，废除了元代军事制度，从京师到各地广置卫所，统权于皇帝，形成一套组织严密、互为监控、功能互补的军事系统。明代军事机构的实体层次为卫所，按常规编制，每卫额定5600人，置卫指挥使司进行管理。有的卫因驻扎地情况复杂，既管军，又管民，置军民指挥使司，其地位比一般指挥使司高。在贵州，军民指挥使司皆兼领土司。卫指挥使通常领左、右、前、后、中五个千户所，但如军事上有特殊需要，亦可兼领驻扎要害地的守御千户所。明代因贵州军事地位特殊，由卫指挥使司兼领守御千户所的情况多于周边省份。千户所额定1120人，领十个百户所，百户所额定112人。每百户领总旗二，总旗领小旗五，小旗领兵十名。

明代贵州卫所制度的一大特点是"亦兵亦农"，通过卫所进行屯田，使农民既为国家当兵，又为国家纳粮。特别在边疆地区，以卫所为载体，实施"移民就宽乡"的军事、政治、经济整合方案，军屯合一成为互为表里的制度安排。总之，从明代卫所设置的组织系统和具备的能力上看，是组织严密、分工明确，以军事功能为主，又兼具生产、生活、精神抚慰、教育等多种功能，能够独立生存，却严格服务于国家的机器。

2. 明代贵州卫所的设立

明朝对贵州的经营，其特点在于军事先导，亦戍亦耕；卫所在区域内的设立，早于行政机构的设立，广于行政控制区域的疆域。

从时段上看，明朝在贵州设立卫所，分为四个阶段。第一阶段于洪武四年（1371年）开设贵州卫所（治今贵阳）和永宁卫（治今四川叙永）。第二阶段是三次调北征南战争过程之中设立卫所。此阶段卫所的建立除五开卫直接针对贵州境内思州诸洞起义外，其余均与中央对云南、西南的控扼有关。第三阶段始于洪武二十三年(1390年)，终于洪武三十年(1397年)，是贵州建卫最多的一个时期，是云南战事平定、明廷大举控制西南地区并实施阶段。这一阶段设置卫所，多分布于黔东和黔中腹地，即从政区划分上属湖广、云南、四川交界地区，是以上各政区的边沿。第四阶段，是明洪武以后，与当地土司势力强弱相长、相关的卫所调整。

3. 明朝军事力量的非常规布局及影响

考察贵州卫所的设置，除了时间视角之外，还有个重要视角，即军事区域和军事力量、行政区域和行政力量重叠度相比较的视角。这一视角的重要性在于，一般情况下中央王朝的军事征服完结之后，政治和经济建构的分量便自显其重，并且占据区域发展的重要位置。贵州则不然，自始至终都是王朝军事、政治、经济三重目标共重的控扼之地，如同四川和云南。贵州的特殊在于其军事意义长期不减，政治、经济作为区域内在整合的基本因素，除了先天不足的原因之外，因系从外部输入，故在短时期内不能超越军事因素。因而在区域视野中，考察贵州军事力量在全国的位置对于理解贵州随之建构的民族关系格局，具有不可或缺的重要意义。

无论是从军事意图还是从已形成的卫所布局上看，卫所建之于驿道，与驿道重合，保驿道畅通是其主要使命之所在。因而，对于军事力量的分析理应从四条驿道的格局上展开。从对贵州地理态势的分析中可以看出：秦始皇在西南开五尺道，从四川进入云南在贵州的通道仅是从北到南，与贵州擦肩而过的不长的一条羊肠小道。汉武帝时唐蒙想通过夜郎取南越，动员巴蜀一带士兵数万人修路入夜郎，数年未果，仅形成贯通贵州南北大道的雏形。直到20年后汉武帝再征南越，此道才开通，形成宋代之前中央王朝中心北置前提下通往南越（今广州）、交会云南、途经贵州的唯一一条驿道。宋代之后，中央王朝中心南移，贵州东南部面向中央、通达云南的通道地位日益显现。在明洪武四年（1371年）因收复川蜀，设立贵州卫，以与成都卫、武昌卫形成掎角之势的战略部署下，明廷开设了重庆至播州、播州至贵州（今贵阳）和思州、播州通往沅、辰的驿道，以便三卫呼吸相通。此区域地处黔东、黔中、黔南，以贵州卫（贵阳）为中心，也就连通了滇黔古道与黔西北古道，形成从黔北、黔东、黔南与外界相连，汇集黔中，进而通往云南的纵横"四通"的格局。明洪武十四年（1381年）征南战争的精彩出演，正是在这一交通格局下展开的。征南大军从京师应天府出发，大兵云集湖广，而后由贵州分兵两路，一路由都督胡海洋等率偏师五万自四川永宁（今四川叙永）南下乌撒（今贵州威宁）。另一路为主力，由傅友德等率领，经湖广之辰、沅进贵州，过偏桥（今施秉），据贵阳。而后置普定卫，招抚平定周边土酋，开通关索岭古道以接云南。至此完成了以普定卫为中心的征南前沿根据地的建立。此后的战争正是两路出击，南路大军经关索驿道，直到云南东门喉襟之地的曲靖，而克昆明，北路大军经赫章古道攻下乌撒（今贵州威宁），于是东川（今云南会泽）、乌蒙（今云南昭通）、芒部（今云南镇雄）诸部皆望风降附。云南既克，贵州设置卫所的大剧便围绕这四条驿道（有的才是雏形，随之在明代得到了日趋完善与拓广）而展开（表2-2-1）。

明代贵州卫所设立一览表　　　表2-2-1

驿道干线	卫所	时间	人员数	领宣慰土府司	管辖都司
湘黔	下六卫	洪武十四至二十三年	33407	兼领长官司	贵州都司，其中，平越卫原隶四川都司；后改隶贵州都司，都匀原隶四川都司，永乐十七年改隶贵州都司
	边六卫	洪武十八至三十年	3360	思州、思南宣慰司	隶湖广都司
	黄平所	洪武八年	1109	播州宣慰司	原隶四川都司，洪武十五年改隶贵州都司
	上六卫	洪武十五至二十三年	42581	府卫分治	贵州都司，其中，普定卫原隶四川都司，正统三年改隶贵州都司；普安卫原隶云南都司，后改隶贵州都司
川滇	西四卫	洪武五至二十二年	25167	贵州宣慰司	贵州都司，其中，乌撒卫原隶云南都司，永乐十二年改隶贵州都司，永宁卫原隶四川都司，后改隶贵州都司
	普市所	洪武二十二年	1420	贵州宣慰司	贵州都司
黔桂	都匀卫	洪武二十二年	6674	都匀安抚司	原隶四川都司，永乐十七年改隶贵州都司
贵阳	中二卫	洪武四至十五年	12609	贵州宣慰司	贵州都司，其中贵州卫原隶四川都司，洪武十四年改隶贵州都司

卫所制、军户屯田制、卫学制，三位一体作为明代中央王朝军事移民、开发贵州的立体输入形式，是具有特殊功能的。总体说来，它是政治、军事、经济、文化的结合体，同时又是自我规定和享用的封闭性的整合，是一种自主性的制度输入。这一制度安排及其功能的发挥，是我们理解明代贵州建省之前和建省之初，中央王朝、汉族移民与当地少数民族关系及由此引发问题的主要切入点。

四、贵州省建省的"通道"标识和民族分布格局的重大变迁

（一）汉人进入的方式与渠道

建立贵州行省之前，在"贵州"的地域里早就设置了屯堡，这些明初肩负"调北征南"使命的汉族军士们，随着第一次、第二次征南战争告捷，永远也回不到自己魂牵梦绕的家乡。作为戍边的将士，他们祖祖辈辈地在这片从未大规模开发过的土地上以亦军亦民，且战且耕，践行统一帝国、开拓和经营疆土的职责。

从明洪武四年（1371年）开始，明王朝相继在贵州设立卫所。据记载，明代先后进入贵州的卫所官兵总数在20万人以上，这20多万卫所军人按明制实际上就是20多万个家庭，则明朝到贵州的军事移民就有80多万人。

明永乐十一年（1413年）建省后，又有大批汉族移民沿着屯军驻扎的基地自东向西在贵州境内推进，凭借帝国的政治军事资源，迅速地扎根于贵州，使得贵州原有的民族分布格局发生了重大变化。当然也就重新塑造了民族关系模式，显示出新的民族问题及特征。

明朝在贵州设立屯堡成为贵州建省的先声，而贵州建省则是以军事控制的布局为前提来设置其行政机构。两者之间共同的社会基础，自然是先屯军、后移民，二者在相同的地面上扎根互融，由此形成帝国可调动、操作的联动系统。其以人口集团规模的庞大和驻扎占地机制，构成对原有民族地理格局的解析和实现了民族关系及人地环境构造的重新布局。这一操作的特征突出表现在以下三个方面：

第一，汉族移民占"通道"，形成在政治、军事、交通上直辖于帝国行政的中轴态势，并为经济的省域性流通奠定了政治、军事和道路设施的基础。由此，取得地方与中央关系衔接的牢固地位。

第二，汉族移民占"坝子"，形成对贵州喀斯特环境中"坝子"作为农耕社会稀缺资源的控制主体。从而，较之其他生存于其间的少数民族，获得马太效应的起步优势。

第三，汉族移民贯穿"通道"的线性分布，其经济的开放性凭借政治、军事的中央资源而获得区域之间，甚至省际之间资源整合的条件，由此以社会能量的增长极消解了贵州自然阻隔的先天关隘，率先实现资源的线性整合。

由于汉族移民的突然介入，并以上述机制对原有人地关系进行重新布局，因而形成了少数民族分布格局的重构和由此结构衍生的新特点。

（二）少数民族分布格局的重大变迁

首先，让出黔中大坝，让出省内自东向西的中心轴线。

从明初到建省，在贵州军事控制和行政区域辖区内的驿道上，设有军事编制，西部有"上六卫"，中部有贵州卫、贵州前卫；东部有"下六卫"；西北部有"西四卫"；以及黄平千户所、湖广都司所辖而在贵州政区的"边六卫"、天驻千户所等。这些卫所从东到西、从北到西，驻扎在当时已开通的湖广、四川途经贵州达至云南的四条主驿道上。驿道所经"坝子"地区，则要较之驿道线左右三公里的宽度向之纵深，占为屯堡。黔中安顺周围的喀斯特万亩大坝上就集中放置了平坝卫、普定卫、安庄卫；贵州西至惠水、东至龙里的坝子地区，也密集性地放置了贵州卫和贵州前卫于坝中经营。而在此之前，黔中坝子的居民主要是苗族、布依族、仡佬族、彝族等。

总之，明王朝在"贵州"境内先是安屯设堡，后是建立行省，力保中原向云南驿道畅通的战略举措的实施，客观上对贵州境内原住少数民族的分布格局进行了重大调整。从形式上看：第一，使原本并无实质性关联的四大族系在地理隔绝的基础上又从社会隔绝的层面强化了其"碎片"性质；第

二，将"通道"所经区域的原住少数民族从本区域的中心向边缘迁徙，从低往高迁徙，从而恶化了他们的生存环境。

但是，新形成的格局却也为民族关系在深层次上的衔接和为原居住地少数民族自身发展空间的开拓奠定了基础，埋下了伏笔。这种可能性在于：第一，一改"贵州"过去缺乏政区和政区网络的社会基础碎片化状况，为区域性的社会整合提供了潜在性平台；第二，以朝廷为后盾的汉移民大批进入和聚居性驻扎，使对各种外部资源的需求增大，资源流量也陡然增大，并将继续增大，这对民族之间的深层交往引申出较强的相关性。这一点，也许正是战略举措大于战略目标的潜功能。

（三）建省后由"夷多汉少"变为"汉多夷少"

明代之初，贵州人地关系的突出特点是"地广人稀"。明代志书中常有"黔不患无田而患无人"的记载。当时中原人口稠密，耕地相对不足，加之元末土地集中政策和战争，大批农民丧失土地，流离失所。因此，"移民实边"，"移民就宽乡"的社会政策，成为朱元璋建立明朝以后的战略选择，贵州便成为"调北填南"的重点区域。而在此之前在贵州遍立卫所，驻扎屯军的军事、政治举措，发挥了桥头堡的功能，为后续源源不断地进入贵州的中原汉族移民准备好了安身立足之地。贯穿于明代的向贵州移民，情况十分复杂，除卫所官兵及家属来黔屯戍的主流军事移民外，有编入匠籍的手工业者，有因开驿道、筑城堡、建军营、架桥梁、造兵器、制农具而来谋生的手艺人；有因为战争涂炭、原耕地荒芜而招募种植的"中州流离子孙"，如黎平地区，经过吴勉起义以后"居民死于锋刃者十之七八，后渐召集流亡种植树艺"，还有尾随军人而来的商人，有利于政府"开中"制度而招募商屯以换"盐引"牟利的巨富，有因驿道大开、物流增大而专事港口、航道搬运的劳工涌入，还有大量因灾荒或恶霸欺压而被迫离开故土到贵州求生存的百姓。关于明代贵州的户口，相关典籍有过陆续的记载，如（明嘉靖）《贵州通志·户口》、（明万历）《贵州通志·省会志》、郭子章《黔记·贡赋志》等。据（明万历）《贵州通志》记载，当时贵州都司18卫2所有军户72273户，261869丁口。贵州布政司所属府州民户66684户，250420丁口；军民共计138957户，512289丁口。这个数字如果加上湖广都司所属的"边六卫"、遵义军民府、乌撒军民府，以及当时尚属于广西、云南所辖而后划入贵州的那些地区的人口，可知实际人口应在百万以上。这些人口绝大多数是汉族移民，从而决定性地奠基了之后贵州"汉多夷少"、"汉夷共处"的民族人口构成基础。

清代贵州民族人口构成和地理分布的结构，与明代相比没有发生逆转性的变化，只是在明代基础上更加强化而稳定已有格局。但这种强化和稳定赖以产生的基础与明朝相比，已经发生了本质性的变化，即从明朝经营贵州的单一政治、军事目标向更加宽泛的社会整合方面拓展。

第一，清初"改土归流"具体实施过程中，清廷采取的"扶绥"政策、奖励开垦"与民休息"政策、开拓"苗疆"六厅设置屯堡的政策、流官取代土官经营民族地区的政策等，一方面，为中原汉族移民再次大举进入贵州拓宽了立足之地，另一方面，深入"苗疆"及土司区的举措，为汉族与各少数民族的深层次的交往互动提供了前提条件。

遵义县建设成"大水田"、"高平堰"等水利工程。由于四川井盐通过遵义进入贵州，食盐运销的发展，使赤水河、綦江、乌江沿岸的许多城镇繁荣起来。手工业方面，明末已有专门营制铁器的工匠，加之商业逐渐繁盛，经济中心城镇逐步形成。[1]

五、贵州省军事建省与城乡二元结构历史特征分析

（一）民族差距标识的城乡二元结构

汉族、少数民族城乡二元结构及特征在贵州建省目的

---

[1] 贵州省遵义地区地方志编纂委员会.遵义地区志.贵阳：贵州人民出版社，1994,5.

的物化结果中，体现了可用民族差距标识的城乡二元结构。明初大通道的开通，以汉族移民为主体，沿驿道设屯置堡，在通道上以哨铺、驿站等功能性机构，保障物流与人流的畅通。城镇便以此为依托慢慢形成，最早出现的安顺城、明朝中期出现的贵阳城，以及之后出现的遵义城，都是此机理运行的结果。其他如镇远、黄平旧州、贞丰、威宁、大方等小城镇亦如此。卫城同构，或驿铺扩展，其人口构成的基础，是与王朝共进退的以汉族为主的官兵；后移民进入城镇，多是经商者和手工业者，亦是汉族。这样，城镇人口中汉族人口占绝大部分的格局便得以形成。

贵州城镇形成原理与江浙一带城镇形成原理有根本不同。江浙一带的城镇是自然形成，是本区域农业发展的结果。首先，农业的发展，粮食增产，可供养更多人口。其次，劳动分工，农业生产率提高后一部分人脱离农业而转向手工业，成为工匠和手艺人，商业此时成为从事农业的人和从事手工业的人交换产品的工具。这时交通便利之处便成为城市（镇）兴起之地。第三，已经出现的政治组织，可控制和调剂资源进行城市建设。第四，社会阶级分化，城市可为富裕阶级和阶层提供生活服务。这样的城市（镇）根本上依附于本区域农业的发展，之后才是在更大区域的范围开放，它与本区域的农村存在着千丝万缕的联系。

贵州城镇形成，大都恰好是在与农村隔绝，甚至是用军事屏蔽的方式为前提的情况下形成的。因此，城镇与农村的关系，从民族人口构成上看，大体表现为以汉族为主的城镇与以少数民族为主的农村的关系；城镇与农村的关系，从经济上看，大体表现为汉族的物资、商贸在省际城镇间的流通，与少数民族耕地一再减少、商品生产不足、交换乏力等共存；城镇与农村的关系，从政治上看，大体表现为利益获取的汉族强势者生活于城镇，利益受损者的少数民族和汉族生活于农村，因而一遇农民战争爆发，首先围攻城市。[①]

城镇一旦形成，其聚集资源的效应会自然产生，综合性功能的出现也就不言而喻。贵州城镇较之一般城镇，在资源聚合与资源辐射功能上更胜一筹。因为它是西南省际大通道上的枢纽，与其互动的资源，是省级区域概念下的流动。因而，其能量的束集和释放有更强的能力。因此，形成了城市民族人口与农村民族人口之间在政治、经济、文化等方面与中原省区和周边省区城乡结构同比的极大差距。这凸显出贵州城乡二元结构较之其他省区城乡二元结构的特殊性：汉族、少数民族城乡分布的不平衡性。这一结构性差距特征，是研究外源性开发引起的民族地区社会变迁与城乡二元结构关系内在勾连的极好素材。

（二）通道与边沿社会能量扩散差序路径的民族性

通道与边沿（边缘）社会能量扩散差序路径的民族性，仍然产生于建省时中央王朝在贵州的政治、军事操作。在明至清末的历史变迁中，依托于建省时建构的基础，在强化此结构的民族性质的前提下，滋生出一条民族性质含混的中间过渡地带，因而又表现出民族性较为柔和的通道与边沿的差序结构特征。

通道与边沿（边缘）差序结构，实质上就是通道与边沿（边缘）的民族二元结构。明之前，不同区域居住的不同民族之间相对封闭，不相往来。反而是聚居于"贵州"边缘的各少数民族因地缘与民族同源关系，与毗邻省的同族之间还存在一定的交往关系。例如黔东北的土家族与湘西、四川土家族的部分地区同隶于田氏土司世袭地；黔西北的彝族与云南彝族存在家支体系的交往等。而在"贵州"地域内，因山地的封闭、河谷的切割、民族文化的异源、社会发育的局限，各区域里生存的不同民族都是一个个孤立的单元，从平面空间上看，亦是板块的铺陈。明朝建省，贵州以省级政区出现时，能标示这个政区有内在关联，并直接受控于地方政府的，即是贯通全省东西境域的大通道及驻扎于此的以汉族军士、家属和其他来源的汉族

---

① 思涌.文化地理学导论[M].北京：高等教育出版社，1989：319-320.

移民。无论从通道对贵州政区的意义，还是附着于通道生存的汉族移民与政府的亲缘性关系，通道无可置疑地成为贵州建省、政区功能实现的载体，其轴心线的性质与汉族移民的民族性便以地域、民族、国家三位一体的强势安排，将板块拼凑的各少数民族沿中轴线再切一刀，使之在原有自我封闭的空间中更加碎片化、边缘化，以更小单元的弱势，附着在通道中轴线的边沿。

从积极的意义上看，通道与边沿的民族性社会能量扩散差序结构一旦形成，在以后经济社会能够相对自主性发展的条件下，通道向边沿的能量辐射或带动效应，将在均匀性前提下，顾及不同民族优势的互动和互补，从而有利于全省各少数民族区域的资源整合以及与外省区的资源互补。更有意义之处还在于，通道作为轴心线，还具备将它所承载的省外先进的信息和能量均衡传播，辐射到附着在通道边沿的少数民族地区的功能。这样，无论过去社会、经济发育程度有何差距，处于边沿的各自封闭的少数民族区域都可能在同一起跑线上与之互动，最终形成与整个时代建立有机联系的区域整体。

（三）通道与边沿社会能量扩散差序路径的民族性

形成文化区域的是社会的力量，划定行政区域的是国家的行政权力，而自然地理区域的存在则是受自然规律所支配。因此，文化区域与行政区域以及自然地理区域的关系，事实上体现了社会、国家与环境之间的关系。

空间既是一个有形的地理概念，也是一个无形的经济文化概念。一个民族的发展随着时间的推移，其空间会发生变化，或不断扩大，或逐渐位移，或不断萎缩。在此过程中，不但表现为有形的地理空间的位移，而且还表现为经济文化的变迁。从明代开始，明王朝为了拱卫云南而大力经营驿道，为确保驿道的畅通，开始了在贵州主驿道沿线的"改土归流"，对宣慰司、土府等较大的土司机构进行了革废；清代在此基础上将"改土归流"向贵州纵深地域发展，停废了大批长官司，以武力开辟"苗疆"。在此举措之下，作为处于封建帝国边域之地的贵州各族人民，开始了自身经济文化的变迁。这种变迁从主驿道线开始，向长官司辖区蔓延，到清代向贵州的纵深地带发展，并引发贵州各族开始了对"国家"的认同。

第三节 多方位外来文化持续作用的影响因子

一、调北征南（屯堡文化）

（一）明代的"改土归流"背景

明代的"改土归流"主要沿驿道延伸，导致了贵州的经济发展呈现出以驿道为中心轴线向外辐射的模式，造就了驿

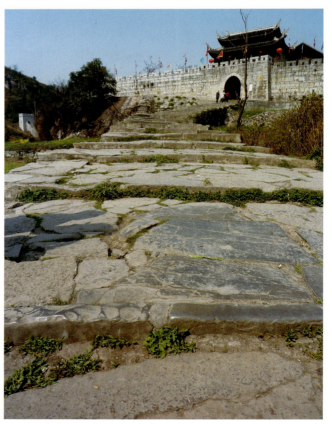

图2-3-1 青岩定广门外古驿道（来源：娄青 摄）

道—邻近驿道的地区—远离驿道的边缘地区的三个梯度，地方的社会经济发展水平依次递减，形成了贵州社会经济发展的城市与乡村、中心与边缘的二元化格局（图2-3-1）。

明代"改土归流"主要是沿湘黔驿道、滇黔驿道延伸，造就了社会经济发展的三个梯度。

第一个梯度——中心轴线。该梯度主要分布在驿道沿线。明代移民以卫城为中心，建立屯堡，聚居于此，为明清时期贵州第一批城镇的出现奠定了基础。而大量移民的到来，又使得生产资料和生活资料需求日显迫切，卫所所在地往往成为商品贸易的市场，加之由于地处交通沿线，其商业贸易逐渐发展。随着府州县的设置，由于卫城实际上已经形成了军事、政治、经济甚至文化中心，且交通方便。因此，随着时间的推移，许多府州的衙署迁进了卫城，产生了独特的府卫同城或州卫同城的现象。这一举措的一个直接后果就是城镇中的人口迅猛增加，并推动了城镇经济的发展。到了清代，驿道沿线的这些城镇由于有了明代的发展基础，更是获得了大发展，再以安顺为例，安顺城"黔滇楚蜀之货日接于道，故商贾多聚焉"。这一时期在安顺市场上交易的大宗商品主要是丝绸、棉布、盐、洋纱洋布、鸦片和其他土特山货。城内有5个"市"，经营绸布的商号已有80多家，至晚清绸布店增至248家。如镇远，从元明两代开始，即为滇铜、黔铅和浙、淮盐的集散地，商业繁盛一时，到清末已成为"黔省之冠"。由于外省客商按籍贯、属地集结成市，致使镇远有辰州市、南京市、江西市、抚州市、普定县之称。因此，明清两代的经济中心，如安顺、贵阳、镇远等，无一不散布在驿道线上。

第二个梯度——过渡区。该梯度主要分布在驿道以南，大约距离驿道的垂直距离在50~70公里左右。在过渡区当中，我们没有提到驿道大动脉以北的地区，主要是由于驿道大动脉以北的地区是贵州开发较早的地区，特别是思南、遵义等地。因此，这些地区不属于我们论述的过渡区。在贵州东部，驿道以南主要是指今天柱、锦屏、剑河、台江、凯里、麻江等地。由于受到驿道线经济的影响，随着明清两代"改土归流"的渐次展开，这些地方的经济也逐渐发展起来。又因贵州东部驿道线以南重点的区域是清水江流域，故以清水江流域木材贩运为例。

随着明以来驿道经济对其两旁的辐射，加之清雍正年间大规模开辟苗疆并对当地施行了包括河道疏浚在内的许多措施以后，清水江流域的经济便发展起来。清水江流域最早、最为大宗的商业运输活动是木材的运输，黔东南清水江流域盛产杉木，具有径级大、主干直长、尖削度小、耐腐性强的特点，是理想的优质建材。因地居边陲，产价低廉，更因为清水江入洞庭湖、注长江，能极大地为贩运商人提供厚利，这就吸引了外省商人络绎而至，以致在这边远的少数民族山区，出现了一个木材市场。从明代中期开始，在清水江下游形成了铜鼓（今锦屏）和新市（今天柱县瓮洞）两个主要商镇。清乾隆、嘉庆、道光三个朝代的清水江木业达到其鼎盛时期，大批商人涌入清水江地区贩运木材。而清水江沿岸交通便利的村寨因为木材交易逐渐发展成为繁华的集市。锦屏的茅坪、王寨、卦治都因为特殊的地理位置，成为清水江流域的木材集散地，并形成了如平略、文斗、瑶光、施洞、革东、重安江等集镇。每年前来经商的商人不下千人，年成交营业额达白银二、三百万两。清光绪初年编修的《黎平府志》称："黎郡杉木则遍行湖广及三江等省，远省来此购买。"

第三梯度——边缘区。该梯度主要分布在远离驿道线的贵州省的边缘地带。位于今贵州省东南部的榕江、从江和黎平县南部等苗侗地区；今黔南的荔波、罗甸等地；今黔西南的册亨、望谟等地。该区域由于远离驿道，未受驿道经济的影响，大多数地方是少数民族聚居区，当地的"改土归流"大多在清代进行，且"改土归流"之后当地大姓的势力仍然很大，如黔西南布依族中的王、黄大姓，黔西南的彝族土司等。加之贵州建省并经过清代对省界的调整，这些地方逐渐形成了贵州省的边缘地带，因此社会经济的发展水平较之前两个梯度，就有明显的差异。

明代在贵州的"改土归流"还促进了各族的交往和认同，特别是促进了贵州边域之地的民族对"国家"的认同，而这种认同也从驿道沿线开始向贵州纵深地带发展。

图2-3-2 镇远青龙洞（来源：黄浩 摄）

文化认同也主要在驿道附近展开，文化认同的体现是多方面、多层次的，既包括服饰、饮食、节日等民俗现象，也包括生产技术、耕作技术等生产经验，还包括宗教等精神层面的信仰。认同的过程既是一个攀附的过程，也是一个创新的过程。如镇远的青龙洞古建筑群，始建于明末清初，儒、佛、道汇聚于一堂，从其建筑特色上来看，可以说是中原文化与当地民族文化融为一体的典范（图2-3-2）。可见，至少从明中后期开始，佛教、道教以及儒家文化已为当地民众普遍接受，同时中原的建筑艺术、美学思想已渗透其地，并为当地民众所认同。

（二）明清时期贵州城镇的跨越式发展

与其他地区城镇发展历史相比，贵州的城镇直到明朝才有较大发展。明朝以前，中央王朝很少将贵州纳入地方行政体系当中，没有设置、经营过长期而稳定的地方行政区划和政治中心，因而作为地方政权治所的城镇没能发展起来。唐宋时期的羁縻州县，并无固定治所，大都"寄治山谷之间"，无非是一些较大的村落。元代出现了一些城堡，但为数不多，规模狭小，人口稀少，主要是军事据点。譬如当时最大的顺元城（今贵阳），"城址狭隘，城垣卑薄"，其城垣全用土筑。因此直到明朝，贵州境内除了土酋所筑的一些小土城、石堡之外，基本上没有形成通常意义上的城镇。但从明朝开始，中央政府对于贵州的用力陡然加强，随着洪武年间明朝在贵州大量设置卫所，贵州境内首先掀起了修筑卫所城池的高潮。在政治上，贵州完全被纳入统一的行政体系中。随着中央王朝控制力的增强，各种地方统治机构纷纷建立，大批城镇也几乎是在空白的基础上迅速地兴建和发展起来。而从历史的背景看，明王朝对贵州的经营是为重要的军事政治目的——平定云南和在此基础上巩固对西南边疆地区的统治服务的，所以，贵州在明朝开始大规模出现的城镇，是基于这样的军事政治功能需要的。另一方面，贵州在明代以前是一个少数民族人口为主体的地区，而明朝的军队是以汉族人口为主体的，所以伴随着军事政治活动的展开，又有一个由国家力量推动的集团化移民过程。因此，贵州城镇出现的原因及其所表现出来的特征都有其特殊性。

贵州城镇不是本土内在资源积淀下自发形成的，而主要是外部移入的力量推动的结果。由此形成的集镇与城镇的关系也相应表现出不同的特性：与在集镇的基础上发展出城镇不同，贵州大量的集镇是在城镇兴起以后，其城镇功能外扩，或者就是在军事据点的基础上，逐渐产生集镇。"集市贸易的特点，就是以城镇为中心，在周围轮流赶场"，"入清以来，（贵州）场市日渐增多……其中，有不少是由屯堡发展而成。"因此，贵州的集镇表现出与城镇相同的特征，即由军事政治行为所形成的城镇线性特征和民族二元结构也同样嵌入了集镇的发育过程中。这使得贵州的集镇表现出了一种线性特征，而这一线性特征又是以城镇的发展为基础，由城乡关系、民族结构和地理条件三个空间因素叠加而共同形成的结果。

自明洪武四年（1371年）开设贵州卫开始，明王朝在贵州共设置24个卫；设置的千户所、百户所多达130余个。它们与交通干线紧密结合，保证其畅通与安全，而道路的安全与畅通又为卫所功能由军事向经济等功能的外扩提供了必要条件。因此，这些相继设置的卫所，随着经济功能的逐渐嵌入，开始向着城镇演化，并成为明朝贵州城镇的一个极其重要的组成部分。

卫所是军事需求的产物。控制经由贵州通往云南的交通线，卫所多建立于交通要道上，又由于卫所交通便利，城池高大坚固，所以从明代中期开始，越来越多的府、州、县开始将治所建于卫所城镇之内，从而形成了"州卫同城"的现象。据统计，明代贵州"州卫同城"的城镇共有12个。

清王朝抛弃了明朝的卫所制度，将卫所直接改设成了府州县城，保持了明朝时期的基本格局，清乾隆年间又在苗疆新设了卫所。至此，清朝的城镇与卫所的关系更为密切，在其74个政区治所中，有56个都与卫所相关（表2-3-1）。在未设卫所的18个政区中，除铜仁、石阡及其下辖县外，其余多为遵义府及其下辖州县。遵义地区在明朝时期很长时间都是土司统治，直到明末平杨应龙之战后才废宣慰司置遵义军民府，其辖地一直属四川，到清雍正年间才改隶贵州。

清朝城镇与卫所的关系　　　　　　　　　　　　　　　　表2-3-1

与卫所的关系	城镇名称	数量
延续明州卫同城	都匀府、黎平府、镇远府、贵阳府、思州府、镇宁府、永宁府、普安府（清改厅）、清平县、天柱县	10
由卫所改设	龙里县、平越直隶州、都匀市、镇远县、黄平卅、清镇市、安平县、毕节市、开泰市、玉屏县、南笼府（后改兴义府）、普定县、施秉县、贵定县、贵筑县、修文县、毕节市、安南县、清溪县、锦屏县（后改乡，属开泰市）	20
明朝时附近有卫所	思南府、大定府、松桃直隶厅、开州、广顺州、定番州、麻哈州、独山州、下江厅、水城厅、平远州、黔西州、威宁州、贞丰州、兴义县、安化县、长寨厅、郎岱厅、归化厅	19
新设卫所	古州、抬拱、清江、八寨、丹江、凯里、黄平	7
无卫所	铜仁府、石阡府、遵义府、余庆县、瓮安县、湄潭县、永从县、务川县、印江县、铜仁市、龙泉市、都江厅、荔波县、正安州、遵义县、桐梓县、绥阳县、仁怀县	18

城镇的形成机理及分布状况，使得明清时期的贵州城镇具有如下特征：

第一，城镇分布高度集中于交通线。征南期间，朱元璋要求大军重兵屯驻枢要城镇，以免兵力过分分散而招致分割攻击。这样就达到了对中心城镇的牢牢控制，进而达到了控制大局的目的。平南之后，朱元璋从整个西南边防大计着眼，将30万征南大军大部分留守云贵，并把战略重点转向贵州，"度要害地"广置卫所，以稳定局势，确保"一线"驿道畅通云南。所以明代贵州境内的卫所分布与交通线高度重合。明朝贵州境内的交通干线主要有东路和西路。东路即从湖广辰州经镇远、贵阳、安顺斜贯整个贵州去往云南的大道；西路从永宁过乌撒到曲靖。明代贵州的卫所，几乎全部分布在这两条道路沿线。其中赤水、毕节和乌撒护卫着由四川通往云南的道路，而湖广通云南道，沿途分布了多达17个卫。此外，五开卫、铜鼓卫和天柱所分布在从黎平到沅州的交通线上。"州卫同城"的过程及清代的改卫所为府州县实际上使贵州城镇分布更趋于集中在交通线的沿线，尤其是湖广—云南大道的沿线。

第二，城镇人口的民族构成以汉族为主导。贵州在明朝之前境内的民族结构一直处于"夷多汉少"的状况。明王朝建立以后，为了巩固西南边疆，在贵州各地建立卫所，派遣军队驻守贵州，大批汉族人口移居贵州。明初实行"移民就宽乡"的政策，使得人口大规模移动。大量移民贵州，为明清时期贵州一批城市的出现奠定了基础。

与在明代云南的筑城运动不同，明代云南的城大多是在元代以前的旧城基础上修筑，这些城镇经过历代经营，已初具规模。明朝在这些城镇，建立卫所，屯聚大军，筑城守御，保护城中地方行政统治机构，进而控制全省，统辖各地。因此，明初凡军政同治的城都曾屯聚过大量的官军及其家小，城镇成为军事移民到达云南初最重要的定居点。在城镇实现初步定居，卫所建立起来，社会逐步安定后，汉族军事移民才开始散往各地屯田。而明以前贵州的城镇发展程度很低。在贵州设置卫所时，考虑到军队调动的方便，多将卫所设置分布在驿道沿线，大多数卫所都是单独的，不具备城市的条件。卫所设置后，屯堡围绕卫所，星罗棋布，这些卫所屯堡就是移民新村，也就是汉人的村落；为解决军粮，这些卫所屯堡先是作为军屯移民进行农业生产的据点，由于食盐、布帛、农具等日用生活品、生产用品的需要，不少军屯村落发展成为定期的贸易场所，进行商品交换的市场。这样卫所所在地，不仅有了行政管理职能，而且经济因素的内容也不断增多。随着历史的发展、人口的增多、卫所屯兵的逃亡，原来卫所所在地的军事因素逐渐减弱，经济因素发展，由原来单一的行政（军事）管理职能，变为既具有行政职能，又具有经济功能，成为一方政治、军事、经济中心。

这样的汉族移民，对贵州本地的其他民族居民产生了如下后果和影响：

首先，在早期的移民特别是军事移民过程中，汉族人口挤压了世居民族的生产和生活空间，少数民族让出黔中大坝，让出省内自东向西的中心轴线，早就进入黔中腹地的彝族自明代初起就迅速地退出，而仡佬族、苗族、布依族本是黔中安顺一带的先期居民，却在明洪武年间调北征南战争后屯军战略举措实施过程中，隐于深山；屯军所到"县级"政区，也经历了域内少数民族由坝区向山区、由中心向边缘的迁徙。

其次，在汉族移民与当地少数民族之间的利益冲突上，汉族由于以军事力量为依托，又有着国家的支持，因此必然在对抗中获得胜利。其结果是加剧了民族结构的二元性。如明洪武三十年（1397年）在锦屏设置铜鼓卫，因占地354顷（2360公顷），引起了林宽领导的侗族失地农民的起义，虽然起义大军曾一度攻克龙里、新化、平察等千户所，直逼黎平守御千户所，但最后还是在明政府三十万大军的镇压下失败。

第三，城乡二元结构特征在贵州体现了可用民族差距表征的城乡二元结构。明初大通道的打通，以汉族移民为主体，沿驿道设屯置堡，在通道上以哨铺、驿站等功能性机构保障物流与人流的畅通。城镇便以此为依托慢慢形成。最早出现的安顺城、明朝中期出现的贵阳城以及之后出现的遵义城，都是在这种情况下建构出来的。其他如镇远、黄平旧州、贞丰、威宁、大方等城镇亦如此。卫城同构，或驿铺扩展，其人口构成的基础是随王朝共进退的汉族，后移民进入城镇，多是经商者和手工业者，亦是汉族。这样，城镇人口中汉族人口占绝大部分的格局便得以形成。

第四，由于民族之间的对立和以民族特征表现出来的城乡二元结构，使得城镇对贵州本地来讲表现出某种意义上的封闭性。一般省区的城镇是自然形成，是本区域农业发展的结果。贵州城镇形成恰好是在向农村屏蔽，甚至是军事屏蔽的前提下形成的。因此，来自江南及中原的明朝屯军虽然是先进生产力和先进文化的代表者，但由于他们军事征服者的身份，使得他们所体现的这些先进因素并不能为他们所生活于其中的贵州经济社会服务。如安顺城的商业发展，经济支撑是外地商贾，或靠经商发家的本地商人。作为西南重要商品集散地，其主要来源和去向都不在本地。至多是非本地生产的生活必需品如食盐、花布等的中转站，与自己的生产和销售无关。城市与乡村之间既不形成农村支撑城市的初级产品资源优势，也不形成城市对农村的资金、技术和劳务需求的辐射效应，二者之间缺乏互通有无的基础。

以上两方面特点的作用，最终形成的结果，便是城乡，民族（汉族与少数民族），地理（交通线与非交通线、田坝区与山区、中心与边缘）三大二元结构高度叠加后通过城镇强烈地凸显出来。

由于贵州集镇产生的机理与城镇有着内在的一致性，因此，其所表现出来的特征也与城镇相似。

集镇经济活动的线性特征还表现在这些活动的参与者主要是贵州以外的商人。明清以来，尤其是清代，在贵州境内繁华的集镇上，均有一定数量的会馆存在，这些会馆有着明显的地域特征，每一个地方的会馆又与一定的商业行业有着紧密联系。如清朝时期织金打鼓新场就有两湖会馆、四川会馆、晋陕会馆和江西会馆四大会馆，它们是打鼓新场近300年的商业支柱。其中，布匹、杂货、山货、药材、旅栈、毛皮、盐业、屠宰等行帮，以江西籍商人占多数；两湖商人运来丝绸布匹、杂货供销，收购山货、药材等运往武汉等地销售，鸦片大规模种植以后，两湖商人（黄州帮）从毕节、威宁等地烟帮手中买入鸦片再转运到武汉、南京、上海等地，并成为打鼓新场最富裕、最有势力的商帮；而打鼓新场的盐业则全部由陕西商人经营。省城贵阳在清代乾隆、嘉庆以后，外地客商纷纷建立会馆，如陕西会馆、山西会馆、江西会馆、湖南会馆、浙江会馆、四川会馆、两广会馆、湖北会馆等。各地客商结帮经商，控制某一行业，如陕西帮多开当铺，山西帮多开钱庄，湖南帮多卖布匹、纸笔。外地商人在贵州的经营活动同样要以交通线为依托。以贵州最重要的输入物资食盐为例，明朝实行"开中"，令商人运粮至指定地点交纳，领取"盐引"，购盐经销，而作为食盐购销"许可证"的盐引则分发到各个卫所。清朝时，盐商的贩盐行为升级为商号体系，四川巨商"李四友堂"与陕西商人刘氏、田氏在仁怀开设的"协兴隆"，就拥有子号70余家，分布在仁怀至贵阳各州府县。

二、国际交流（宗教文化）

清代同治年间英国传教士在贵州传教，以威宁为代表的地区出现了西方建筑的特点。传教活动沿着驿道展开，在黔东南一带均可见到一批具有中西合璧特色的建筑，多以教堂和祠堂建筑的形式出现（图2-3-3、图2-3-4）。

图2-3-3 镇宁天主教堂（来源：法国明信片）

图2-3-4 刘氏宗祠（来源：罗德启 摄）

三、三线建设（近现代工业文化）

明初学者刘伯温曾经预言："江南千条水，云贵万重山；五百年后看，云贵赛江南"。抗日战争时期，随着重庆成为陪都，大量企业民众迁入贵州，贵州这一时期涌现了大量民国时期建筑的特点，随着三线建设大量军工企业迁入，这些军工企业大多借鉴了苏联时期建筑的特点（图2-3-5~图2-3-7）。

图2-3-6　万山汞矿三角岩建筑群（来源：万山汞矿博物馆）

图2-3-5　万山汞矿釜炉建筑群（来源：万山汞矿博物馆）

图2-3-7　万山汞矿苏联专家楼（来源：余压芳 摄）

第三章　多元文化孕育下的贵州传统建筑类型特征

建筑的地域特色，有时表现在聚落的形态与结构上，有时直接表现在建筑物本身的造型、空间和类型上。过去，鲜有研究者对贵州古建筑的文化分区进行过深入的研究，加之贵州古建筑各区域之间的差异并不十分明显，使得建筑文化分区并不容易。综合考虑自然地理环境、历史行政区划、民族关系发展及内外文化交流，结合政治、民族、移民、商贸等因素，可将贵州建筑文化区分为5个，即黔中黔南建筑文化区、黔北建筑文化区、黔东南建筑文化区、黔东北建筑文化区、黔西建筑文化区。黔中、黔南建筑文化区主要包括贵阳市、安顺市和黔南地区，分布民族以汉族、布依族、苗族等为主；黔北建筑文化区主要包括遵义地区，分布民族以汉族为主，还包括仡佬族等人数较少民族；黔东南建筑文化区主要包括黔东南地区，分布民族以苗族和侗族为主；黔东北建筑文化区主要包括铜仁地区，分布民族以汉族、苗族等为主；黔西建筑文化区主要包括六盘水、毕节和黔西南地区，分布民族以汉族、彝族等为主。

图3-0-1　贵州建筑文化分区图（来源：余压芳 改绘自中华人民共和国民政部编. 中华人民共和国行政区划简册2014. 北京：中国地图出版社，2014.）

第一节 黔中黔南地区的传统建筑特征解析

一、黔中黔南区域地理及历史沿革

黔中黔南建筑文化区地域大抵相当于今贵阳市、安顺市和黔南州所辖范围之和，同时也包括了六盘水市、黔西南州部分区域。该区域地处长江流域乌江水系和珠江流域北盘江水系、红水河水系的分水岭地带，是世界上典型的喀斯特地貌集中地区。黔中区大部位于长江流域，黔南区几乎全部位于珠江流域。就建筑文化而言，该区域又可细分为黔中建筑文化区和黔南建筑文化区，两大建筑文化区以横贯东西的苗岭山脉为分界线。

黔中地区地处贵州中部，地势由北向南、由东向西逐渐平缓，是贵州开发较早的区域，也是最具贵州特色的文化区域。黔中地区是贵州唯一既不与外省接壤也无航运的地区，历史时期的交通全靠陆路驿道。正因如此，周边的建筑文化传播到黔中地区后就开始不断减弱，最后各种建筑风格相互融合，形成了独具贵州特色的黔中建筑。贵州目前发现的早期木结构建筑，大部分都位于该区域。黔中安顺一带的屯堡民居和布依族民居，选取当地易于开采的石灰岩石，以石为墙、为瓦甚至为柱，形成了最具地域特色的民居建筑（图3-1-1）。

黔中建筑文化区现有中国历史文化名镇花溪青岩镇（图3-1-2）、安顺旧州镇（图3-1-3）、平坝天龙镇，中国历史文化名村安顺云山屯村、开阳马头寨村、安顺鲍屯村；有省级历史文化名镇、福泉城关镇、郎岱镇、安顺旧州镇、清镇卫城镇，省级历史文化名村花溪区石板镇镇山村、花溪区马铃乡凯伦村、乌当区新堡乡王岗村、西秀区大西桥镇鲍屯村、贵定县盘江镇音寨村。同时，该区域还有安顺文庙、武庙，贵阳甲秀楼、拱南阁、文昌阁、阳明祠，修文阳明洞，平坝天台山，福泉城墙、葛镜桥等国家级文物保护建筑。

黔南地区地处贵州南部，是世界岩溶发育最完整、最典型的地区之一。岩溶地貌景观表现为石林、石丛、峰林、溶丘、洼地、漏斗、竖井、落水洞、盲谷、溶盆、槽

图3-1-1 青岩定广门（来源：陈正军 摄）

图3-1-2 青岩街巷（来源：陈正军 摄）

图3-1-3 黄平旧州西上街（来源：吴天明 摄）

谷、瀑布等。黔南区自古为"百濮"与"百越"民族杂居和交融的地方，今为贵州布依族主要聚居区。其地处珠江流域北端，与广西接壤，今册亨、望谟、罗甸等县长期属于广西所辖，故该区域由北往南在文化上逐步受广西的影响。宋代，册亨、望谟为广南西路邕州所属。元代，其地大部分为湖广行省八番顺元宣慰司所辖。明代，紫云、惠水、长顺、独山、都匀为贵州所属，册亨、望谟、贞丰、罗甸分别为广西安隆司、泗城州所辖。清雍正五年（1727年），云贵总督鄂尔泰以红水河为界划分黔、桂两省界限，册亨、望谟等地划入贵州。

二、区域文化及建筑特色

在信息传播不畅的历史时期，建筑文化的传播主要受交通线路和移民线路的影响。就贵州而言，驿道和水道是重要的建筑文化传播通道。黔中、黔南建筑文化圈可以分为相互差异比较大的黔中区和黔南区。黔中区地处贵州中部，周边的建筑文化传播到黔中地区后不断减弱，各种建筑风格相互融合，形成了独具贵州特色的黔中建筑文化圈。黔南区由于历史时期驿路和水路交通均不发达，加之长期为"百濮"、"百越"等族系所统管，故建筑文化较为封闭、原始，外来建筑文化呈点式分布。

黔中建筑文化圈贵阳以北的建筑，受巴蜀建筑沿川黔驿道南下的影响，多少有一些巴蜀遗风（图3-1-4）。贵阳以东的福泉、麻江一带，建筑依旧受到一些沅江水系楚风建筑的影响。云南建筑东渐的影响到关岭、镇宁一带已经式微。因此，今东起贵定，西至镇宁，六枝，北达修文，南抵惠水的区域，成为了黔中建筑的核心区。该区域大量的公共建筑仍以穿斗式为主，但重要的主体建筑一般采用穿斗抬梁或穿斗抬柱混合使用的形式。该区域由东向西，建筑风格逐渐由细腻向粗犷发展（图3-1-5、图3-1-6）。目前发现的贵州早期木构建筑均出现在该区域，如天台山伍龙寺祖师殿、安顺圆通寺大殿［明崇祯七年（1634年）］、贵阳拱南阁［清顺治十二年（1655年）］。

图3-1-4　华家阁楼（来源：余压芳 摄）

图3-1-5　安顺武庙观音阁（来源：娄青 摄）

图3-1-6　安顺圆通寺观音阁（来源：娄青 摄）

在建筑材料的使用上，清镇以东外墙多用青砖，青砖尺寸较大，多为一斗一眠，清镇以西外墙多用石材，干摆、浆砌均有。考究一点的重要建筑多将石材打制成料石、块石进行砌筑，重要的主体建筑甚至采用石柱承重。石材在建筑墙体、屋面、柱础、地幔等的应用丰富而巧妙，形成特有的该区域的建筑特色（图3-1-7~图3-1-22）。

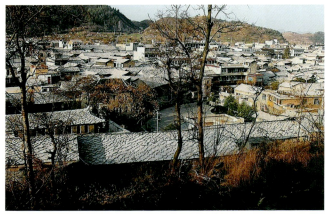

图3-1-7　天龙屯堡（来源：余压芳 摄）

图3-1-11　织金财神庙（来源：娄青 摄）

图3-1-8　屯堡石巷（来源：余压芳 摄）

图3-1-9　雕刻细腻的垂花吊柱（来源：罗德启 摄）

图3-1-12　织金斗姥阁（来源：娄青 摄）

图3-1-10　贵阳香纸沟民居（来源：罗德启 摄）

图3-1-13　织金玉皇阁（来源：娄青 摄）

图3-1-14 来源：青岩民居二滴水屋檐（余压芳 摄）

图3-1-15 黔中民居的"龙口"构造（来源：罗德启 摄）

图3-1-17 透雕吉祥水漏盖板（来源：罗德启 摄）

图3-1-18 云山屯民居朝门垂花柱雕（来源：余压芳 摄）

图3-1-16 透雕吉祥水漏盖板（来源：罗德启 摄）

图3-1-19 屯堡石墙（来源：余压芳 摄）

图3-1-20 荔波董蒙村建筑群（来源：余压芳 摄）

图3-1-21 荔波董蒙粮仓（来源：余压芳 摄）

图3-1-22 三都都江民居（来源：娄青 摄）

三、传统建筑案例

（一）天台山伍龙寺

天台山伍龙寺位于平坝县天龙镇东2公里天台山巅。天台山于群山环抱中一峰兀立，山势险峻，石壁斩截，如登天之台，故名。山高百余米，却三面绝壁，如斧劈刀削，仅北麓有石级蜿蜒盘旋至山巅（图3-1-23、图3-1-24）。天台山下万木掩映，石奇藤茂，摩崖石刻众多，历代骚人墨客喜登台题咏，至今崖壁上仍有"大观在上"、"灵石参天"等石刻，山门前一副对联更是闻名遐迩的绝对："云从天出天然奇峰天生就；月照台前台中胜景台上观"（图3-1-25、图3-1-26）。

天台山伍龙寺始建于明万历年间，《平坝县志》载："天台山寺建于明万历十八年（1590年），白云寺僧所建"。万历四十四年（1616年）重修大佛殿，崇祯十年（1637年）重修玉皇阁。清康熙三十六年（1697年）建

图3-1-23 天台山远眺（来源：娄青 摄）

祖师殿前天街栏杆,乾隆十三年(1748年)重修经堂,二十二年(1757年)重修山门,四十六年(1781年)重修祖师殿,咸丰八年(1858年)重修倒座、东西厢房和祖师殿,民国年间又多次修葺。1985年被贵州省人民政府列为省级文物保护单位,2001年6月,被国务院公布为全国重点文物保护单位(图3-1-27)。

天台山伍龙寺由两道山门、寺门、东西厢房、大佛殿、玉皇阁、祖师殿、经堂等建筑组成,坐东南向西北,建筑面积约1200平方米。

大佛殿面阔三间,通面阔11.5米,明间进深三间,通进深8.95米,为前带廊抬梁和穿斗混合式青筒瓦悬山顶建筑。明间为抬梁式构造,梁架下施藻井,脊檩有明万历四十四年(1616年)墨书题记。廊间挑枋上施驼峰,其上为卷棚,月梁和驼峰上雕刻有精美的人物花草图案,挑枋头施垂瓜柱。明间前檐柱下有须弥座狮子柱础。

玉皇阁(图3-1-28)面阔三间,通面阔9.1米,进深三间,通进深7.75米,明间为穿斗式四层重檐青筒瓦歇山顶,由于受山顶地势的限制,前檐为三重檐,后檐为单檐。

图3-1-24 天台山全景(来源:郭秉红 绘)

图3-1-25 天台山第一道山门(来源:娄青 摄)

图3-1-26 天台山第二道山门(来源:余压芳 摄)

顶层为面阔一间的阁楼，通常不上人，在三层的梁架上有明崇祯十年（1637年）墨书题记（图3-1-28）。

天台山伍龙寺是贵州保存最完整的山地明清建筑群，也是贵州早期建筑中的难得实物。伍龙寺雄峙于一峰独秀的天台山上，犹如一座石头城堡，四周的墙体均用石头砌筑，高大、厚实的石墙与山崖浑然一体，各栋建筑更是灵施巧布，上下层叠，错落有致，在有限的山岩上，创造出了丰富的建筑空间。建筑石木构件精雕细琢，人物故事，花鸟鱼虫，生动逼真，被誉为"隐藏在深山中的明珠"（图3-1-29）。

（二）安顺文庙

安顺文庙位于贵州省安顺市，始建于明洪武二十七年（1394年），明、清时期多次复建增修。文庙占地面积11000余平方米，是贵州境内保存最为完整的文庙建筑群（图3-1-30）。文庙为坛庙与儒学合一的古建筑群，其典制齐备、布局严谨，现存建筑大部分为清代所建，整个建筑群沿中轴线对称布局。文庙现存的石质建筑和石雕多为明代原物（图3-1-31、图3-1-32），其中"道冠古今"、"德配天地"、"棂星门"石牌坊，"礼门"、"义路"石木垂花门，"宫墙数仞"影壁，"天子台"、"泮池"等建筑组成了一个石雕艺术的殿堂（图3-1-33、图3-1-34）。大成门的一对高浮雕盘龙石柱及大成殿前的一对透

图3-1-28　天台山伍龙寺玉皇阁（来源：余压芳 摄）

图3-1-27　天台山伍龙寺祖师殿（来源：余压芳 摄）

图3-1-29　天台山印宗禅林寺门（来源：余压芳 摄）

图3-1-30 安顺文庙及周边环境（来源：余压芳 摄）

图3-1-32 安顺文庙状元桥（来源：余压芳 摄）

图3-1-31 安顺文庙宫墙数仞（来源：余压芳 摄）

图3-1-33 安顺文庙棂星门（来源：余压芳 摄）

图3-1-34 安顺文庙石质构件（来源：余压芳 摄 绘）

图3-1-35 安顺文庙大成殿（来源：余压芳 摄）

雕云龙石柱为石雕精品。2001年，安顺文庙被国务院公布为全国重点文物保护单位。

安顺文庙依古称"孔明观星台"的缓坡而建，分为庙区和学区两个部分，文庙左侧（西北侧）为庙区、右侧（东南侧）为学区，这即是所谓的"左庙右学"（图3-1-35、图3-1-36）。

庙区主要用于祭祀，学区主要用于教学，两个区域相对独立而又相互连通。庙区沿中轴线对称布局，从下（西南）至上（东北）建在五层台基之上，五进院落的殿阁之间以石阶相通逐步升高。学区依附于庙区布局亦逐级抬升（图3-1-37~图3-1-39）。安顺文庙现状为庙区第一进院至第四进院保存完好，但第五进院被拆毁；学区院落空间部分尚存，但学区建筑均被拆毁，院落格局已不复存在。

（三）贵阳甲秀楼——文昌阁

甲秀楼位于贵阳市城南南明河畔。始建于明万历二十六年（1598年），时贵州巡抚江东之、巡按应朝卿于武侯祠（翠微园前身）前河中砻石筑堤，治水防患，并在河中鳌矶石上建楼，以"科甲挺秀，独占鳌头"名"甲秀楼"（图3-1-40、图3-1-41）。建筑群由甲秀楼、涵碧亭、浮玉桥及南岸翠微园的拱南阁、翠微阁、龙门书院等组成。浮玉桥分水尖上筑水月台，台上建甲秀楼，底层石壁镶嵌清乾隆间题咏石刻八方。清代贵阳翰林刘玉山所撰长联，概述贵阳

图3-1-36 安顺文庙大成殿龙柱（来源：安顺文庙管理处）

图3-1-37 安顺文庙大成门（来源：王希 摄）

图3-1-38 安顺文庙乡贤祠（来源：王希 摄）

山川形胜，历史沧桑，比云南昆明大观楼"天下第一长联"还多26字。楼之东南与翠微园相连，具有"更上层楼瞰流水，虹桥风景似江南"的"城南胜迹"历史风貌。翠微园原名南庵，始建于元末，后多次易名。南明永历九年（1655年），孙可望改建为观音寺。甲秀楼2006年5月由国务院公布为全国第六批重点文物保护单位。

甲秀楼筑于南明河鳌矶石上，楼高20.52米，通面阔13.1米，通进深12.6米。为三层三重檐四角攒尖顶，抬梁式结构。画薨翘檐，红棂雕窗，白石巨柱托檐，雕花石栏相护，碧瓦金角，华丽雄伟（图3-1-42、图3-1-43）。

浮玉桥如白玉浮波，横卧楼下，贯通南北，是到甲秀楼必经之道，原桥为九孔，民谚有"九眼照沙洲"之说，新中国成立后拓宽道路，填埋北端二孔，现能见的仅七孔，桥基

图3-1-39　安顺文庙奎文阁（来源：王希 摄）

图3-1-42　贵阳甲秀楼建筑群（来源：娄青 摄）

图3-1-40　贵阳甲秀楼雪景（来源：佚名 摄）

图3-1-41　贵阳甲秀楼老照片（来源：法国明信片）

图3-1-43　甲秀楼主楼（来源：娄青 摄）

经多次洪水冲击四百余年，仍安如磐石。

翠微园以寺庙建筑为中轴，形成集寺庙、园林、祠宇为一体的古建筑群，从山门到最里层的大士殿（暂未修复）掘山筑石，逐层上升，构成极有层次而又旷深莫测的空间。两翼则从水廊和假山逶迤而上，结构曲折，独成幽奥，整组建筑创造出雄奇挺拔、动静相宜的意境。寺院山门的双层重檐庑殿顶式建筑，在封建礼制中，象征着最高权力和地位，而入口处明间向外突出形成"抱厦"，亦属少见；山门正对的石级上，雕栏玉砌，龙腾云涌，威严挺拔的拱南阁高峙其上；山门之东别有洞天，曰鹤梧栏，芳径曲折，暗接翠微园，山门之西为嶙峋山石，中有小径蜿蜒至龙门书院。

主体建筑拱南阁，高约20米穿斗式结构，为双层重檐歇山顶阁楼，粉墙青柱，镂窗画梁，其造型于淳朴中见雄奇。该阁脊檩上刻有"永历乙未孟秋月吉日火器营都督同知高恩建"（图3-1-44、图3-1-45）。

澹花空翠园林与龙门书院对坐于拱南阁左右，端庄秀丽的二层重檐卷棚顶式建筑翠微阁就坐落园林中，阁楼临水而建，飘逸舒展。该阁现作为中国著名书法家肖娴女士的作品陈列馆。阁之东穿过洞门即为岁寒园，园内有桂舫亭。龙门书院为武侯祠改为观音寺后设立，后因祀清康熙四十七年（1708年）贵州巡抚刘荫枢而更名刘公祠。1993年修复后仍用原名。

文昌阁位于贵阳市老东门古月城之上。明万历二十四年（1596年）建，清代续修。康熙三十一年（1692年）贵州巡抚卫既齐重修文昌阁碑记云："会城东郊外，有峰突起，是为木笔文星，支衍蟠曲而入城中，为院司场屋之祖，术家嫌其未尽耸拨，思有以助之，乃于子城之上建阁三层。中祀文昌，上以祀奎，下祀武安王，而总名曰文昌阁。"坐东向西，占地1200平方米。阁楼两侧配有重檐硬山顶厢房（邻街一端为马头墙），对面为倒座，构成封闭的四合院，用走廊连接各单体，布局严谨（图3-1-46）。阁楼因其结构独特，1982年2月23日贵州省人民政府公布为第一批贵州省文物保护单位（批文：黔府[1982]第30号）。现存清康熙八年（1669年）贵州巡抚佟凤彩撰写《重修文昌阁碑记》等碑刻8通。

图3-1-45 翠微楼（来源：娄青 摄）

图3-1-44 拱南阁（来源：娄青 摄）

图3-1-46 文昌阁（来源：娄青 摄）

文昌阁组群建筑中，最具文物保护价值的部分就是主体文昌阁楼。阁楼坐东向西，高17.25米，面阔五间、进深四间，通面宽阔11.50米，通进深11.40米，为三层三檐不等边九角攒尖顶，底平面近似一正方形，二、三层平面为不等边的九边形，其划分是将一圆周先四等分后，再将正面一条弧线三等分，其余三条弧二等分。

阁楼在梁架结构上，二、三层的金柱均不穿过各层楼板，其下也无金柱对齐。第二层的九根檐柱仅有四根是一层的重檐金柱，平面呈一正方形，柱径45厘米，其余五根的二层檐柱分别立于底层的抱头梁上。二、三层的抱头梁，以檐柱外伸为挑檐梁，以檐柱为支点，挑起金柱，与檐口重量平衡，形成杠杆结构。

文昌阁虽属封建社会晚期建筑，但在一些建筑手法上却采取了早期的风格，内外均无华丽的装饰，翼角起角较平缓，底层前檐柱头用素面阑额，柱上使用出两跳的插栱承托檐枋，栱头上卷刹四瓣，梁头相叠处用素面驼峰垫托。

文昌阁这座为贵阳风水的祭祀性建筑，由于在封建社会里被认为是龙脉入城之处，再加上独特的阁楼结构及造型，长期以来一直受到众多市民的崇敬和青睐。

（四）贵阳镇山村民居

镇山村位于花溪区石板镇花溪水库中部的一个半岛上，三面环水，与半边山和李村隔水相望（图3-1-47）。全村分上寨、下寨两个部分，总面积3.8平方公里。村寨区位条件优越，交通方便，公路距省城贵阳市21公里，距花溪区9公里，从水路往东南可达花溪水库大坝，往西北逆水而行3公里可至花溪区天河潭风景区。镇山村是一座具有400多年历史的布依族村寨，现有村民144户，582人，居民多班、李两姓，虽是异姓，但为同宗。据族谱记载，李氏始祖仁宇原为江西吉安府卢陵县大鱼塘李家村人，明万历年间任职为官，因南方扰攘，奉命率数千军入黔，屯守于石板哨，"入赘班氏始祖太之门，不数年，生二子，以长房属李，次房属班"，今沿袭到第17代，具有419年的历史。贵州有汉父夷母之说，因此班、李二姓族别为布依族。由于村寨小地形的曲折隐蔽，20世纪70年代以前这里的村民生活与外界沟通较少，直到80年代后期才逐渐被外界尤其是都市休闲群体所关注，誉为"都市里的村庄"。

镇山村的民居建筑以就地取材的石材应用为主要特色，形成石板屋顶、石墙、铺石院坝的石材景观。村寨内的民居建筑形态包括两大类型，分别分布在以古屯墙为界的上寨和下寨中（图3-1-48、图3-1-49）。

上寨居民居住在屯墙以内，几十户民居建筑沿连续的爬山巷道集中构建在地势较高的村北位置，以相对独立的合院建筑为构筑单元（图3-1-50~图3-1-53）。房屋一般采用穿斗式悬山顶、一楼一底石木结构建筑，正房三开间或五开间，有的设有厢房和大朝门。明间（堂屋）有吞口，双扇对开式木质大门，配有雕刻各异的腰门，大门顶部有门簪。

图3-1-47　贵阳镇山村全景（来源：胡朝相 摄）

图3-1-48　贵阳镇山村上寨合院民居（来源：余压芳 摄）

寨门和屯墙相接，是镇山村历史的见证，始建于明万历年间，清咸丰、同治年间补修。屯墙依山势而建，东段和南段均以悬崖为屏而砌墙，周长约700米，高约4米，系用当地条石垒砌而成，至今保存较完好，已有400多年历史。在屯墙的南北两面各设有石拱寨门，其中，南寨门仍保持着历史原状，是当年防卫的实物见证（图3-1-54）。

图3-1-49 贵阳镇山村下寨排屋民居（来源：张永吉 摄）

图3-1-51 贵阳镇山村民居院坝（来源：余压芳 摄）

图3-1-50 贵阳镇山村上寨巷口（来源：余兴权 摄）

图3-1-52 贵阳镇山村上寨民居构造（来源：余压芳 摄）

下寨原建于花溪河畔，1958年因修建花溪水库迁移至古屯墙之下的"椅子形"地带，建筑根据地形呈阶梯状布局，分布在四级台地上，并向两侧延伸，房屋为穿斗木结构建筑，石板屋顶。以四幢联排建筑为中心，两户联排，长约30米，屯口形态类似上寨建筑，坐北朝南，房前有整齐的石板院坝，形成相对独立的自然庭院图（图3-1-55）。几个庭院次第展开，形成面向水面围合的凹形空间。

第二节　黔北地区的建筑特征分析

一、黔北区域地理及历史沿革

黔北建筑文化区位于贵州北部和西北部，包括今遵义市和毕节市大部，与四川、重庆相临，为四川盆地南部与云贵高原相接地区。区域内的河流均属长江水系，主要有乌江、赤水河和綦江三大水系，为贵州汉族聚居人口最多的区域（图3-2-1）。该区域建筑文化受巴蜀建筑文化的影响较大。

黔北建筑文化区可细分黔北、黔西北两个区。黔北区包括今遵义市全境和毕节市金沙县，在靠近重庆的道真、务川等地还有仡佬族建筑核心区。历史时期，黔北大部主要为播州所领，且长期为四川所辖（清雍正五年划入贵州），其地建筑巴蜀之风更甚。赤水河沿线的茅台、土城、丙安、大同等地建筑和民居，与川南相差无几（图3-2-2~图3-2-5）。黔西北区主要包括毕节市七星关、大方、黔西、织金等区县。黔西北虽长期为水西土司所统治，但其地为川南泸州、叙永南下贵阳、安顺的重要通道，长期的经济文化交流，尤其是"川盐入黔"的影响，使建筑文化在带有地方特色的同时也有了一些巴蜀色彩。

该区域现有国家历史文化名城遵义，中国历史文化名镇习水县土城镇（图3-2-6），中国历史文化名村赤水市丙安村、务川县龙潭村，省历史文化名镇织金县城关镇、

图3-1-53　贵阳镇山村民居隔扇门（来源：余压芳 摄）

图3-1-54　贵阳镇山村屯门外（来源：余压芳 摄）

图3-1-55　贵阳镇山村下寨民居石板屋面（来源：余压芳 摄）

大方县城关镇、湄潭县永兴镇、赤水市大同镇、正安县安场镇、道真县洛龙镇等名城（镇、村）。有遵义海龙囤、陈公祠，湄潭文庙、万寿宫、西来庵，赤水复兴江西会馆，金沙清池万寿宫，毕节陕西会馆，织金古建筑群等国家级文物建筑。该区域分布最广的民居当属黔北穿斗式民居。明末清初，大量川民南下逃荒、避乱进入贵州，对当

图3-2-1 赤水大同古镇远景（来源：吴天明 摄）

图3-2-4 赤水大同古镇土墙民居（来源：娄青 摄）

图3-2-2 赤水大同古镇街巷（来源：吴天明 摄）

图3-2-5 赤水大同古镇沿河民居（来源：余压芳 摄）

图3-2-3 赤水大同古镇长阶（来源：吴天明 摄）

图3-2-6 习水土城三合院（来源：余压芳 摄）

地民居"川化"产生了重大影响。黔北民居中的典型，当以遵义县黎庶昌故居为代表。

黔北建筑文化区从地域上来说包括了遵义市全境和毕节市七星关区、金沙县、黔西县、织金县和大方县，从西向东分别与云南、四川、重庆相临。该区域处在云贵高原向四川盆地和湖南丘陵过渡的斜坡地带，在云贵高原的东北部，地形起伏大，地貌类型复杂。区域内主要山脉为乌蒙山余脉和大娄山山脉。大娄山山脉自西南向东北横亘其间，成为天然屏障。区域内的河流均属长江水系，主要有乌江、赤水河和綦江三大水系。

远古时期，黔北一带即有人类栖息繁衍。据考古研究，黔西"观音洞人"生活在距今24万年，黔西观音洞遗址，是我国长江以南地区发现的第一处最大的旧石器时代早期文化遗址，在中国旧石器时代考古学发展史上占有重要地位，对贵州旧石器时代考古的兴起与发展，具有深远影响。观音洞文化是中国南方旧石器时代早期文化的典型代表，对研究中国旧石器时代文化的起源和发展具有重要价值。桐梓县岩灰洞旧石器时代人类文化遗址发现的人类牙齿化石，经科学测定，为距今20.6万～24万年。毕节扁扁洞出土石制品共75件，有石核、石片，动物化石有中国黑熊、虎等13种。地质时代属晚更新世初期或稍早，文化时代为旧石器时代中期或稍早。骨样品的铀系法测年结果为距今13万～17万年。桐梓县马鞍山新石器时代人类遗址中，也发掘出大量石器骨器，还有丰富的用火遗迹，年代距今为1.8万年。在赤水河流域的赤水市和习水县境内，也先后发现许多石斧、石锛、石网坠等古人类工具。

公元前8世纪～公元前5世纪前后的春秋时期，黔北地域，先后或分别属于牂柯、巴、蜀、鳖、鳛等邦国。居住在大娄山东麓鳖水流域的上古鳖族，是巴人的重要支系之一，也是蜀人的重要起源之一。汉武帝建元六年（公元前135年）置犍为郡，郡治鳖县，即在今遵义市中心城区附近。唐代，黔北地区大部属黔中道所辖，有珍、费、播、夷、思等正州、羁縻州。宋代，黔西北地域主要为潼川府路罗氏鬼国属地，黔北主要为夔州府路播州、思州、珍州、遵义军属地。元代，黔北地域为播州宣抚司和八番顺元宣慰司所管辖，隶湖广行省。明代，黔北地区属播州宣慰司管辖，隶四川；黔西北地区属贵州宣慰司水西安氏所管辖，隶贵州布政使司。播州从唐末到明末的700多年，为杨氏土司所世袭统治。明万历二十八年（1600年）"平播之役"后，实行"改土归流"，于次年分播州为遵义、平越两个"军民府"，分别隶属四川、贵州两省。清康熙年间取消"军民"二字，直称遵义府。明末战乱，四川惨遭屠戮，唯遵义府幸存。清雍正五年（1727年），遵义府由四川省划归贵州省管辖。

黔西北地域在很长的时间里由水西政权所统治。水西彝族的远祖源于古代西北氏、羌族的一支，辗转入今贵州境。蜀汉时，因其首领火济（或作济火，彝名妥阿则）助诸葛亮南征有功，受封为"罗甸国王"。以后与历代封建中央王朝保持联系，唐、宋时被称为"罗施鬼国"或"罗氏鬼国"。辖境以今贵州乌江上游的鸭池河为界分为水东、水西。元改水西为"亦西不薛总管府"，以水西首领阿察为总管，开始建立了土司制度。明洪武五年（1372年），水西宣抚使霭翠及水东宣抚同知宋钦附明并入朝袭职，旋列为正副宣慰使，置贵州宣慰司，治所移至贵州（今贵阳）。

明洪武十六年（1373年），水西奢香率众开通了东起偏桥（今贵州施秉）西达乌撒（今贵州威宁）等地的驿道，立龙场九驿，进一步密切了水西与中央王朝的联系，且使偏僻的黔西北地区逐渐得到开发。明末万历、天启、崇祯年间，四川永宁宣抚使奢崇明叛乱，攻占重庆、遵义，水西宣慰同知安邦彦诱挟宣慰使安位响应，攻占毕节、安顺、贵阳及云南沾益（今宣威），杀明贵州巡抚王三善。明王朝调聚川、滇、黔大兵进军水西，奢崇明、安邦彦战死，安位因年幼得免，被迫献水外（鸭池河以东）六目归降。明遂改贵州宣慰司为水西宣慰司，仍以安位为宣尉使，并规定其不得干预军民两政，安氏辖区和势力大为缩小。

清顺治十五年（1658年），清军30万人分兵攻云南，吴三桂率清军通过水西至云南，迫安坤降清，次年，清政府封安坤为贵州宣慰使。他因受明以来大西军抗清力量的影响，又受南明抗清力量的影响，以及南明抗清将领皮熊、常金印的鼓动，于清康熙三年（1664年）二月起兵扶明抗清，清政府闻变，同年三月，即命吴三桂领云南、贵州各镇守军讨伐，清军被水西军围困在果勇底达二月之久，使之粮尽援绝，清永顺总兵刘安邦战死。后来，由于水西土目司车噶喇叛变，在内外夹击下，水西兵大败，被迫转入深山大箐中，直到清康熙四年（1665年），水西军彻底失败，安坤被吴三桂俘获。吴三桂于是奏请废水西宣慰司，改设大定(今大方)、黔西(原水西)、平远(今织金)、威宁(原乌撒)四府。清康熙十二年(1678年)，吴三桂反，安坤遗腹子圣祖得彝族各部支持，在威宁起兵，助清兵平叛，先后收复大定、黔西、遵义各地，安圣祖得复任水西宣慰使。三十七年圣祖病死，乏嗣袭职，清政府乘机改土归流，至此，水西土司在黔西北的统治结束。

二、区域文化及建筑特色

从区域历史沿革和文化发展来看，黔北和黔西北存在较大差异。特别是在清代以前，黔北地区大部时间受四川所管辖，巴蜀文化的影响已经深入该地域，如宋代杨粲墓的形制、雕刻内容等与今川南出土宋墓几无区别。黔西北地区较长时间为当地土族政权所统治，其地文化具有更多地域特色，但也深受巴蜀文化的影响。

宋元之际的四川战乱，使巴蜀文化影响南进。元末明初的第一次"湖广填四川"移民，也有部分移民到到达黔北、黔西北地区。清代，继"湖广填四川"之后，部分移民继续由"四川移贵州"。同时，元代四川南进道路的打通，也加深了这一区域的文化发展。元大德十七年（1303年），永宁土官雄挫起兵反元被平，遂贯通了泸州经永宁、赤水河至乌撒的南北大道。元天历二年（1329年），川黔驿路得以贯通，重庆至贵阳设14驿。大道和驿路的开通，加强了黔北、黔西北地区与巴蜀文化圈的交流和往来。明代初年，大批军士"调北征南"后屯于乌撒、毕节、赤水和永宁四卫，之后的民屯、商屯和匠户的进入，也使这些区域受到了湖广、江西、四川等文化的影响。清初，吴三桂平水西使黔西北地区人口大为减少，大批军士遂就地屯驻，使当地汉族人口大量增加。到清代，汉族移民的模式发生了变化，除了以屯军的方式进入之外，在经济利益驱使下来到贵州的汉族移民的数量不断增加。他们在贵州各地从事各种经济活动，而不仅仅只是局限于驿道卫所的周边地区，同时也不仅仅只是为了满足政治、军事的需要，更多的是经济利益的驱动。随着商贸往来的日益频繁，尤其是"川盐入黔"的影响，使该区域的建筑文化呈现了更多巴蜀建筑的特征（图3-2-7、图3-2-8）。

贵州省不产食盐，其所需之盐，自古以来仰给于川、滇、桂、粤诸省。由于地理环境及盐的质地等原因，其中的绝大部分食盐，又是从四川省自流井和五通桥运入。清乾隆

图3-2-7　习水土城丹霞石巷道（来源：娄青 摄）

图3-2-8　习水土城民居窗花（来源：娄青 摄）

元年（1736年），四川省巡抚黄廷桂将川盐入黔的水道分为永、仁、綦、涪四大口岸。凡入黔之盐，均由自流井和五通桥盐场运往长江各口岸的入口处，再沿这些河道运往贵州各地。永岸由四川省纳溪区城入口，沿永宁河上运至叙永县城起岸，然后分两路运往贵州省的毕节、大方等县。因所经河道，大部分俱在四川省叙永县境内，故以永岸为名。仁岸从四川省合江县城入口，经赤水河直抵茅台镇（村），再循陆路运至鸭溪、金沙、贯阳、安顺等地。这条水路，大多在当时的仁怀县辖区之内，因而以仁岸名之。綦岸自四川省江津市所属之江口起运，溯綦江上运至贵州省桐梓县属的松坎起岸，再陆运到遵义、正安等县的部分地区。因这条运输线路，既要经过四川省綦江县城，又由北向南贯穿綦、江县境，故名曰綦岸。涪岸起自四川省之涪陵县城，循乌江上运至贵州省的沿河、思南等县，再陆运至其邻近地区。这段水路命名为涪岸，一方面是它从乌江与长江汇合处的涪陵县城入口，另一方面又先后经过古代涪陵县、涪陵郡、涪州所辖地域之故。

可见，四大盐岸中的永、仁、綦三岸盐运路线三箭南进，纵横交错，往来盐道上的四川、江西、湖广、陕西等地客商，从事着盐、茶、山货、木材的交易，使黔西北、黔北地区进一步受到巴蜀文化的影响。在建筑风格上，由于工匠为重要的决定因素，故此地建筑与如江西商帮在贵州的商贸往来，也使江西、湖南的建筑文化到达贵州，对沿线建筑文化影响至深，留下了许多与之相关的建筑遗产（图3-2-9）。

总体来说，该区域的建筑文化以巴蜀风格为主，当然也具备了一些贵州地方特色的建筑。建筑的营造技艺及建筑结构、形制及细装饰等无不打上川南建筑的印记。如赤水大同、丙安古镇，习水土城镇、仁怀茅台镇等地的建筑风格几乎与川南建筑一致。毕节城隍庙、毕节陕西会馆等建筑则具备浓郁的地方风格。这种建筑风格由北而南到织金之后，则在风格上逐渐接近于黔中建筑风格。

该区域典型民居为黔北民居。村寨选址、建筑布局受到儒家传统思想及风水观念的影响，寻求与自然的和谐统一及严格的等级制度。民居以一明两暗的"凹"字形为基本平面布局，再辅以两厢而成一进、二进的合院式布局。建筑结构多为穿斗式木结构，木板隔断，悬山青瓦顶。建筑多为单层，明次间多有上下隔层，上部储藏，下部住人。山面及前后多用木板、竹泥围护。竹泥围护墙一般施石灰粉刷，也有少量民居用砖作为围护及筑墙。此地民居虽然建筑装饰简单，但白色的墙体，褐色的木板、木柱、门窗，青黑色的屋顶及与自然山体、绿化的有机组合，形成了色调对比和谐、统一，建筑轻灵、活泼的建筑风格（图3-2-10～图3-2-17）。

图3-2-9　习水土城船帮建筑（来源：娄青 摄）

图3-2-10 沿河淇滩古镇民居（来源：娄青 摄）

图3-2-11 务川龙潭村民居（来源：吴天明 摄）

图3-2-12 习水山腰民居（来源：余压芳 摄）

图3-2-13 绥阳杜家晏坎（来源：娄青 摄）

图3-2-14 道真民居窗花（来源：娄青 摄）

图3-2-15 习水木桥（来源：余压芳 摄）

图3-2-16 毕节三官彝族寨（来源：余压芳 摄）

图3-2-17 江口云舍民居（来源：吴天明 摄）

图3-2-18 湄潭文庙俯瞰（来源：娄青 摄）

图3-2-19 湄潭文庙大成门（来源：娄青 摄）

图3-2-20 湄潭文庙内院（来源：娄青 摄）

图3-2-21 湄潭文庙东庑（来源：娄青 摄）

三、传统建筑案例

（一）湄潭文庙

湄潭文庙位于湄潭县湄江镇中山东路东侧回龙山麓，始建于明万历四十八年（1620年）。天启二年（1622年）毁于火，天启五年（1625年）在原址上重建。清咸丰九年（1859年）毁于兵燹，清同治十年（1871年）再建，清光绪四年（1878年）扩建。民国年间曾作为民教馆、国民党县党部。抗日战争时期为浙江大学办公室、医务室、图书馆。建筑坐东向西，依山而建。原有牌坊、礼门、义路、影壁、泮池、状元桥、棂星门、节孝祠、大成门、东西庑、钟鼓楼、大成殿、崇圣祠等，占地面积5000平方米。现存大成门、东西庑、钟鼓楼、大成殿、崇圣祠，建筑面积1200平方米。2006年被公布为全国重点文物保护单位（图3-2-18）。

大成门面阔五间，通面阔22.8米，进深三间，通进深7.8米，抬梁穿斗混合结构歇山青瓦顶，前后带廊（图3-2-19）。明、次间置藻井。鼓形浮雕柱础。前后檐明间檐柱置透雕木狮撑栱。额枋、抬梁雕刻精美。前檐台基高1.5米，明间设盘龙御道，两次间前置七级踏步。大成门两次间尺寸小于梢间，这在贵州十分罕见，是否是明次间门的形式在后期有人为改动，有待进一步研究（图3-2-20）。

东西庑面阔五间，进深三间，带前廊，马头墙硬山青瓦顶。钟鼓楼位于大成殿前，南北对称，同一形制，左钟右鼓。重檐穿斗四角攒尖筒瓦顶，通高9米。平面正方形，边长3.6米（图3-2-21）。

大成殿面阔五间，通面阔22.8米，进深四间，通深10.9米，抬梁穿斗混合结构重檐歇山青筒瓦顶。前、左、右三面带廊，深1.5米。台基高3米。后封檐墙。门额浮雕金凤凰图案，槅扇门浮雕湄潭八景图。浮雕鼓形柱础。撑栱、雀替等构件雕刻精湛。天子台青石砌筑，长5.6米，宽4.5米，高1.1米。前正中置踏步，浮雕石龙及花鸟图案。大成门前御道长1.7米，阔1.1米。斜置，高浮雕蛟龙腾云、鲤鱼跃波图案。四面条石镶边，饰花草图案。左右条石上端浮雕伏卧石狮，形象生动，雕刻精湛（图3-2-22、图3-2-23）。

崇圣祠面阔五间，通面阔19.7米，进深三间，通深7.5米，抬梁穿斗混合结构歇山青瓦顶。次间与稍间之间有一道封火墙，稍间略低。台基高0.8米。

湄潭文庙的建筑装饰构件十分精巧，建筑装饰风格也明显地体现出巴蜀倾向，正是这一地区的建筑靠近川南而呈现的地域交叉性（图3-2-24、图3-2-25）。

（二）遵义会议会址

在遵义老城子尹路（原名琵琶桥）东侧，原为黔军二十五军第二师师长柏辉章的私人官邸，修建于20世纪30年代初（图3-2-26）。

整个建筑分主楼、跨院两个部分。主楼为中西合璧，临街有八间铺面房，当年为房主经营酱菜及颜料纸张。铺面居中有一小牌楼（会址大门临街），大门正中高悬巨匾，为毛泽东于1964年11月题写的黑漆金匾，上有"遵义会议会址"六个大字，苍劲有力，金碧辉煌（此为毛泽东为全国革

图3-2-22　湄潭文庙（来源：吴茜婷 摄）

图3-2-24　湄潭文庙建筑装饰构件（来源：娄青 摄）

图3-2-23　湄潭文庙阁楼近景（来源：娄青 摄）

图3-2-25　湄潭文庙大成门檐下构件（来源：娄青 摄）

命纪念地题字的唯一一处）。街面房连接主楼与跨院之间有一座青砖牌坊。牌坊上方用碎蓝瓷镶嵌着"慰庐"二字。牌坊的另一面有"慎笃"二字。

遵义会议会址主楼坐北朝南，一楼一底，为曲尺形，砖木结构，歇山式屋顶，上盖小青瓦。楼房有抱厦一圈，楼顶有一老虎窗。楼层有走廊，站其上可以凭眺四围苍翠挺拔的群山，指点昔日红军二占遵义时与敌军鏖战地红花岗、插旗山、玉屏山、凤凰山诸峰。会址主楼上下的门窗，漆板栗色，所有窗牖均镶嵌彩色玻璃。紧挨主楼的跨院纯为木结构四合院，仍漆板栗色。会址是一座坐北朝南的二层楼房，为中西合璧的砖木结构建筑。上盖小灰瓦，歇山式屋顶上开一"老虎窗"，有抱厦。整个建筑分主楼、跨院两部分。主楼楼层四周有回廊，楼房的檐下柱间有十个券拱支撑，保留了我国古建筑"彻上明造"的结构风格。楼上有梭门梭窗。檐柱顶饰有垩土堆塑的花卉。东西两端各有一转角楼梯，外面加有一道木栅栏。门窗涂饰赭色，镶嵌彩色玻璃，窗外层加有板门。楼内各房间设有壁橱。整个主楼通西阔25.75米，通进深16.95米，通高12米占地面积528平方米。房屋原是黔军二十五军第二师师长柏辉章的私人官邸，是遵义城20世纪30年代最宏伟的建筑。会址大门临街，门两侧原是八间铺面，为柏辉章家的商店。进大门，穿过厅，迎面是一座巨大的砖砌牌坊，过牌坊是小天井，天井南侧有小门通往柏家的内四合院，北侧是主楼。

（三）绥阳张氏宗祠

绥阳张氏宗祠，清道光二十五年（1845年）建成。原位于绥阳县洋川镇团山办事处小关村祠堂坡，1993迁至绥阳县城洋川镇北今址。1999年2月，贵州省人民政府以"绥阳张喜山祠"公布为省文物保护单位。第三次全国文物普查时，核实该祠实属张奇资创建的张氏宗祠。

张氏宗祠现仅存享堂部分石构梁架，均为穿斗式全石仿木遗构（图3-2-27、图3-2-28）。享堂面阔三间，通面阔16.6米，进深三间，通进深8米。东侧耳房屋架早年已毁，西侧耳房梁架仅存部分。为加大空间，同时也兼顾石材的特性，明间采用了减柱造做法。落地柱均为海棠角方柱。明、次间石柱上镌刻有张奇资为建祠堂出资购买田土的地理位置、四至范围、产谷数量等记载。祠堂兼做学堂用。石穿

图3-2-27 绥阳张氏宗祠正面（来源：娄青 摄）

图3-2-26 遵义会议会址（来源：罗德启 摄）

图3-2-28 绥阳张氏宗祠侧面（来源：余压芳 摄）

插枋浮雕福禄寿禧、松竹梅兰、八仙过海等吉祥图案（图3-2-29～图3-2-31）。祠堂明间设石质神台一座，神台前壁为整块石板，浮雕"龙凤呈祥"等图案。据专家初步研究，张氏宗祠并非全为石构，应为石材仿穿斗抬柱式梁架，屋面为木结构的建筑。但装板、墙体及门窗等还需进一步研究。张氏宗祠虽已残缺不全，但其石质梁架如实地记录了清中晚期黔北宗祠建筑的真实信息，对研究这一时期的建筑具有重要价值。

（四）赤水复兴江西会馆

复兴江西会馆位于赤水市复兴镇，全国重点文物保护单位。江西会馆又名万寿宫，系江西籍盐商捐建于清道光十二年（1832年）。清光绪八年（1882年）被火焚毁，清宣统二年（1910年）重建。坐南向北。由山门、戏楼、两厢、正殿、后殿等组成，占地面积1200平方米。建筑面积1000平方米。

牌楼式山门为砖石砌筑，明间为内收八字石库门，宽1.76米，高3米，门额正中高浮雕许真君及"八仙"图，石库门上嵌字碑，竖向阴刻"万寿宫"3字。两次间为拱门，宽1.35米，高2.37米（图3-2-32）。

图3-2-29 绥阳张氏宗祠石枋雕刻（来源：娄青 摄）

图3-2-30 绥阳张氏宗祠立柱刻文（来源：娄青 摄）

图3-2-31 绥阳张氏宗祠石雕（来源：娄青 摄）

图3-2-32 赤水复兴江西会馆入口（来源：王志鹏 摄）

戏楼为一楼一底穿斗式歇山顶青筒瓦木结构，底层为通道。戏楼面阔三间，正殿（杨泗殿）面阔五间，后殿（许真君祠）面阔五间。抬柱穿斗混合式封火墙青筒瓦木结构，前带廊。红砂石板铺地（图3-2-33、图3-2-34）。

图3-2-36　赤水复兴江西会馆木雕b（来源：娄青 摄）

图3-2-33　赤水复兴江西会馆戏楼正面（来源：娄青 摄）

图3-2-34　赤水复兴江西会馆戏楼侧面（来源：娄青 摄）

图3-2-35　赤水复兴江西会馆木雕a（来源：娄青 摄）

图3-2-37　赤水复兴江西会馆木雕c（来源：娄青 摄）

第三节 黔东南地区的建筑特征分析

一、黔东南区域地理及历史沿革

黔东南建筑文化区包括黔东南州大部和黔南州三都县、荔波县。该区域东联湖南、南接广西，北部为长江流域沅江水系清水江中上游，南部为珠江流域都柳江水系都柳江上游。区域海拔高差较大，沟壑纵横，山峦延绵，是贵州苗族、侗族、水族、瑶族集中聚居的多元文化区。对该区域进一步细分，还包括雷公山苗族建筑核心区，六洞、九洞侗族建筑核心区和三都、荔波水族核心区等民族建筑文化亚区。这些民族建筑中，以苗族吊脚楼、侗族鼓楼、风雨桥，水族干阑式楼居、禾仓等为典型代表。

历史时期，除清水江、都柳江靠有限通航进入和黎平设府的有限影响外，该区域大部分时间为"生界"之区，即中央王朝尚未真正管辖的区域，是西南版图中的最大"黑箱"。明代以后，随着贵州战略地位的提升，特别是清雍正年间强推"改土归流"政策后，该区域才逐渐向世人揭开神秘的面纱。因此，该区域建筑特别是民居建筑顽强地保留了浓郁的民族风格，而且至今仍在延续。

清代中期以后，随着"苗疆六厅"的设置和清水江航运的进一步延伸，特别是清咸丰、同治年间张秀眉领导的苗族起义被镇压后，湖广建筑也随之溯江而上，西进到达了剑河、台江施洞等苗疆腹地，南下到达黎平等地。另，都柳江航运的开展，也使桂广建筑拓展到都江、古州（今榕江）等地。黎平翘街至今仍保存了较多明清湖广商贸民居和公共建筑。榕江县城也保留了一些难得的桂广建筑遗存，但却在近年的城市建设中遭到了极大破坏。

该区域现有世界文化遗产预备名单两项——苗族村寨和侗族村寨，涉及村寨20个；有中国历史文化名镇雷山县西江镇（图3-3-1）、中国历史文化名村黎平县肇兴乡肇兴寨村（图3-3-2）、从江县往洞乡增冲村、雷山县郎德上寨村、三都县怎雷村，省级历史文化名镇雷山县西江

图3-3-1 西江千户苗寨（来源：余压芳 摄）

图3-3-2 黎平肇兴侗寨（来源：杨志勋 摄）

图3-3-3 排莫苗寨全景（来源：余压芳 摄）

图3-3-4 建筑形态与山体形态一致（来源：罗德启 摄）

图3-3-5 高文壮族寨（来源：余压芳 摄）

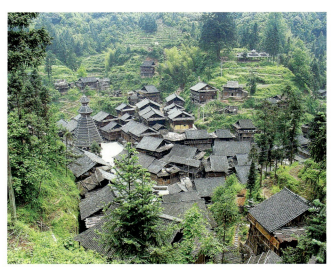

图3-3-6 银潭侗寨全貌（来源：余压芳 摄）

图3-3-7 锦屏文斗苗寨环境（来源：余压芳 摄）

镇、郎德镇和黎平县德凤镇等；有近200个村寨被评为国家级传统村落（图3-3-3~图3-3-7）。

二、区域文化及建筑特色

黔东南建筑文化区是贵州苗族、侗族、瑶族、水族聚居较集中的地方，历史悠久，民族文化源远流长。但在很长的历史时期内，黔东南一直是政治、经济和文化上的"生界"，黔东南少数民族也很少与外界进行交流，其民族文化按照自己的轨迹缓慢地发生着变化。明清以后，随着中央王朝对这一区域的加强控制和各民族经济文化的交流的逐渐深入，特别是"改土归流"和两次苗民起义被镇压后，周边的荆楚、湖广等汉族文化才随着航道、驿道和古道逐渐进入。

黔东南苗族是一支古老的民族。距今5000多年以前，生活在黄河中下游平原地区的九黎部落在向北扩张的过程中，与东进和南下的炎帝、黄帝部落发生了剧烈的武力冲突，经过长时间的征战，以蚩尤为首的九黎部落在涿鹿地区被击败，蚩尤被黄帝擒杀。大部分苗族先民被迫开始第一次大迁徙，放弃了黄河中下游地区而退回到长江中下游平原，并于洞庭湖和鄱阳湖之滨建立了"三苗国"。随着"三苗"部落的日渐强大，尧、舜多次对"三苗"进行征剿。舜帝即位后，"南巡狩猎"，对不服舜帝管制的"三苗"进一步攻掠，苗族先民再次被迫向西南和西北地区迁徙，其中被迫向西北迁徙的这支苗族先民一部分融合于"羌人"，成为西羌的先民，一部分则因人口增多、耕地少而向平原地区迁徙，从青海往南到四川南部、云南东部、贵州西部，有的更向南、向西深入老挝、越南等地。而往西南迁徙的苗族先民则与楚人和睦相处，成为后来"楚蛮"的主要成员。战国时期，秦灭楚以后，一部分苗族背井离乡，长途跋涉西迁，进入武陵山区的五溪一带，形成历史上著名的"武陵蛮"。到西汉时期，这部分苗族先民在这里较快地发展起来，形成了与汉王朝相抗衡的一股势力。东汉建武二十三年（公元47年）到中平三年（公元186年），汉王朝共12次派出军队征剿"武陵蛮"，迫使苗族再次离乡背井，一部分沿武陵山脉进入黔东北地区（今铜仁一带），一部分溯沅江水系，从湖南西南部，深入贵州东南、西南和广西境内，一部分则南下广西融水，后又溯都柳江而上到达今天的榕江、雷山、台江、施秉等地。黔东南区域遂成为中国最大的也是苗族历经5000年迁徙后的最终落脚点。清乾隆年间，清政府为了管理苗疆，对苗族人民实行编户定籍，强行取消了苗族子连父名的传统，用苗名的谐音来定汉姓，目前西江境内苗族的蒋、唐、侯、杨、董、宋、顾、龙、陆、李、梁、毛、陈、金、吴等姓就是由此而来。

黔东南建筑文化区也是侗族聚居之地。一般认为侗族是从古代百越的一支发展而来的。古代的越人是一个庞大的族群，其内部分为若干个支系，这个族群到了南北朝时期都被称为"僚"。到唐宋时期，僚人进一步分化出包括侗族在内的许多少数民族。唐宋时期，中央王朝在"峒区"设立羁縻政权，委任土官，称为"羁縻州峒"。羁縻州一般辖有若干"洞"。至今侗族地区不少村寨仍保留"洞"的名称，如黎平、从江的肇洞、顿洞、贯洞一带叫"六洞"，岩洞、曹滴洞一带叫"九洞"，黎平的潭洞、特洞一带叫"八洞"，三江、龙胜、锦屏、天柱、新晃等县的不少侗寨也叫做"洞"。明洪武五年（1372年），朱元璋命江阴侯吴良收服五开（今贵州黎平县）和古州（今贵州黎平西北和锦屏一带）等侗族地区，得到223峒，人口15000多人。朱元璋对于归附的土官均原官授职。吴勉苗、侗起义（1378～1385年）失败后，明朝在侗族地区设置了卫、所、屯、堡等军事机构，进一步加强对侗族地区的封建统治。明永乐十一年（1413年），设黎平府，委任流官直接管辖土司，侗族地区出现"土流并治"的统治局面。清初，中央王朝在侗族地区的统治仍然沿袭明代的"土流并存"，但土司的实权已趋削弱，均受到流官的节制。清雍正年间，中央王朝对侗族地区的部分卫、所进行调整，加强了流官的控制。通过"改土归流"，侗族基本上被纳入了流官的统治范围，侗族地区的农业经济有了迅速的发展。清嘉庆年间，榕江、三江等地造船工匠已能造出载重二三吨的木船，往来于榕江、柳州之间。商业也随之发展起来，除农村的小集市外，一些集镇和县城，如王寨（今锦屏县城）以及古州（今榕江县城）等地，已成为较大规模的市场，清水江也逐渐成为全国较大的木材集散地。

黔东南建筑文化圈也分布着部分瑶族。瑶族是古代东方"九黎"中的一支，后往湖北、湖南方向迁徙。到了秦汉时期，瑶族先民以长沙、武陵或五溪为居住中心，在汉文史料中，与其他少数民族合称"武陵蛮"、"五溪蛮"。南北朝时期，部分瑶族被称为"莫徭"，以衡阳、零陵等郡为居住中心。《梁书·张缵传》说："零陵、衡阳等郡，有莫徭蛮者，依山险为居，历政不宾服。"这里的"莫徭"，指的就是瑶族。隋唐时期，瑶族主要分布在今天的湖南大部、广西东北部和广东北部山区。所谓"南岭无山不有瑶"的俗语大体上概括了瑶民当时山居的特点。唐末五代时期，湖南资江中下游，以及湘、黔之间的五溪地区，仍有较多的瑶族居住。宋代，瑶族虽然主要分布在湖南境内，但已有一定数量向两广北部深入。元代，迫于战争的压力，瑶族不得不大量南迁，不断地深入两广腹地。到了明代，两广成为瑶族的主要分布区。明末清初，部分瑶族又从两广向云贵迁徙，这时，瑶族遍及南方六省（区），基本上形成了今天的分布局面，具有"大分散、小聚居"的特点。贵州瑶族支系多，主要分布于荔波、黎平、榕江、雷山、丹寨、剑河、从江等县，服饰、习俗、语言及自称均有差异。

三、侗族民居

分布在贵州东南山区的侗族干阑民居与其他民居一样，居住形态的产生与发展是历史、社会、文化因素共同作用的结果。然而侗族形成自我个性与特质的一个重要方面是在于它对环境和文化特殊性的重视。侗族民居的个性表现在它特有的与山地环境结合的建筑形态之中。侗族一般聚家族而居，一寨一族姓，同姓家族随着人口的发展，又分成许多支寨分住与大寨、小寨或上寨、下寨，一般以老寨为中心开展社会活动构成社会原生的社会组织。贵州侗族干阑民居在适应自然与社会条件的漫长演变中，既保持了传统特色，又接受了外来的先进文化，创造性地自我发展，并形成了具有强烈个性的山地民居类型。（图3-3-8～图3-3-13）

图3-3-8　龙额镇上地坪侗寨全貌（来源：杨志勋 摄）

图3-3-9　侗居长屋（来源：罗德启 摄）

（一）鼓楼

鼓楼是侗族一村一寨或同一族姓社会、政治、文化等聚众议事的多种文化活动中心，也是侗族聚落的重要标志。侗族干阑民居群体集落，尽管多为顺应自然地形走向的自由式分布，但群体空间形态所表现的对村寨中心普遍重视的意识

图3-3-10　黎平县永从乡中罗村——罗寨全景（来源：曾增 摄）

图3-3-11　黎平县永从乡中罗村——罗寨民居（来源：余压芳 摄）

图3-3-12　黎平县永从乡中罗村罗寨花桥（来源：徐雯 摄）

图3-3-13　黎平己堂侗寨（来源：杨志勋 摄）

却到处可见。它以芦笙舞坪、戏台广场或是以集合场所的公共建筑——鼓楼作为标志。

高耸入云的鼓楼，飞阁重叠，层层而上，斗结构，攒尖或歇山顶式，远看好似一株金银巨杉屹立寨中，形成了侗族的主要标志（图3-3-14~图3-3-17）。

从功能角度看，以鼓楼为标志的村寨中心，它为聚居生活体系的村民们提供了集体交往的场所。在这里可以进行频繁的文化娱乐和民俗礼仪；可以举行全村性的祭祀和各种仪式，以商议决策集体经济和制定维护乡规民约等活动。正是由于这些平凡而经常性的活动内容，鼓楼的作用无形中使它超越了聚居环境要求提供的交往空间范畴。

侗寨鼓楼的类型分为层檐间距较大的楼阁式和集塔、阁、亭于一体，具有宝塔之英姿、阁楼之壮观的密檐式。随不同地形可以起于平地或按地形先砌堡坎平台，上立鼓楼；可以底部架空，形成如同过街楼式；还可以将部分柱置于堡坎之上，部分柱立于坎下作架空处理。侗寨鼓楼的平面形式分为四边形、六边形、八边形等几种，均多采用。位于黎平县城南70公里，具有"七百贯洞，千家肇洞"之称的肇兴侗寨，全寨分为五大房族，分居于五个自然片区，都分别建有自己的鼓楼，并配有花桥和戏台，一个鼓楼代表一个族姓，从高处远眺，高耸的五座鼓楼竖立于村寨民居木楼之中。这里鼓楼飞阁重叠，层层向上，犹如五株金银巨杉屹立寨中。五座风雨桥横跨于溪流河水之上，极富浓郁的侗族风情，为肇兴侗寨增添了神话般的色彩。特征鲜明的鼓楼

标志，使群体布局在自由中求得了秩序，在统一中求得了变化，成为侗族村寨有鲜明特征的符号。

如增冲鼓楼坐落在贵州省黔东南州从江县往洞乡增冲村。根据侗族普遍"先建楼后立碑"的习惯，专家推断增冲鼓楼至少始建于清康熙十一年（1672年）。据村中寨老介

图3-3-14 增冲鼓楼八角十三层重檐攒尖顶（来源：谭晓东 摄）

图3-3-16 鼓楼刹柱装饰吸收佛塔顶部钵、瓶、坛等构件（来源：罗德启 摄）

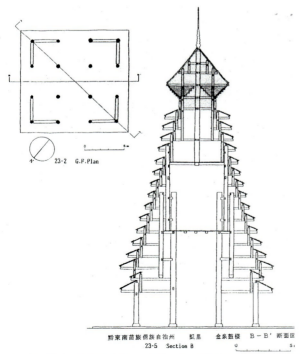

图3-3-15 鼓楼檐层多而楼层少（来源：贵州文物保护研究中心提供）

图3-3-17 鼓楼的刹柱装饰（来源：罗德启 摄）

绍，在增冲鼓楼修建的同时，原计划还建一座，后因大多数人反对，认为一寨两楼会造成村民分心而取消，现今仍存鼓楼遗址。

增冲鼓楼占地109平方米，平面呈正八边形，边长4.5米，通高21.5米，立面为穿斗式十三层密檐双层楼冠八角攒尖顶。覆盖小青瓦。鼓楼地面以青石板沿鼓楼八边呈辐射状铺墁，中间为直径2米的火塘。北、西、南各设出入门，其中南为大门，设六级青石踏步，西北出入门较窄，西出入门与一长4.5米，宽4.7米，高为0.8米青石砌成的方形平台相连，此台为寨老议事台。南门门楣上有"二龙戏珠"灰塑，挂"万里和风"木匾，该匾是榕江车江三宝侗寨道光五年所赠。檐柱上挂有各个时期木刻楹联四幅。

鼓楼落地柱十二根，其中主承柱有四根，直径达480~500毫米，主承柱均置青石质圆鼓形柱础，另有檐柱八根，直径390~420毫米，各檐柱外置望柱，各望柱间铺长板坐凳，外沿置栏杆，主承柱与檐间施枋呈辐条状，穿枋上承瓜柱及檐檩。瓜柱隔四檐与主承柱用穿枋连接，承上层瓜柱，逐层上叠，紧密衔接，直至第十一重檐，第十一重檐之上为两层攒尖顶楼冠，形成内五层、外十三密檐双层楼冠建筑，主承柱与檐柱均有侧角。增冲鼓楼平面为"内四外八"造型，此种结构在六洞、九洞地区分布数量很少，相对于"内八外八"的造型，不仅节约了四根主承柱，而且通过减少主承柱使得底层空间得以最大利用。

增冲鼓楼金柱柱顶施平板枋，其上再施坐斗。上层楼冠16坐斗，下层楼冠32坐斗。坐斗上至楼冠檐口下各施五层"人"字形如意斗拱，承托楼冠。一级至十一级密檐为小青瓦顶，白灰瓦头。两层楼冠，上覆灰筒瓦。宝顶为五层褐色陶罐，白灰垂脊。鼓楼一层至二层无固定楼梯，二层到五层建有木梯相连，盘旋而上。二层至四层金柱与瓜柱间铺设木楼板，五层木楼板满铺。金柱内形成空井直贯第五层。

增冲鼓楼建成之后三百年间，曾多次维修，维修部件主要是屋面及斗拱部件，主体结构至今没有多大的损坏。20世纪40年代遭受地方土匪的破坏，他们用枪将葫芦宝顶打烂，还扬言要将上面两层楼冠拆掉，后因村民舍命保护鼓楼才得以保存。20世纪60年代，鼓楼也遭到人为破坏，所幸不是很严重。1988年1月13日，国务院将增冲鼓楼公布为第三批全国重点文物保护单位。

（二）风雨桥

侗族风雨桥，亦称"花桥"。它既是侗族人民过往寨脚或河溪的交通设施，又是侗族居民休息纳凉、遮光避雨、摆古论事、唱歌娱乐的最佳场地。侗族风雨桥，据有关史料记载，早在清康熙十一年（1672年）就有了，距今已有330多年的历史。风雨桥多以杉木或大青石作桥墩，将大杉圆木分层架在石墩上，用四根柱子穿枋成排，并将各排串为一体，呈长廊式建筑，在桥面上铺一层木板，桥面两侧安有长枋凳供人们就座休息。风雨桥两侧的长凳，其屋面下所塑造出的空间感、溪流的潺潺流水声、阴凉的空间环境，为村民创造一个轻松舒适的驻足场所。节庆时，这里也是唱拦路歌、饮拦路酒和吹奏芦笙的地方。侗族风雨桥，有建在河溪上和旱地上的两种，建在旱地上的风雨桥，亦称为"寨门"，而建在溪流上的风雨桥较多。这些风雨桥一般长30~40米，通高10多米。不论是建在水上或旱地里，造型大同小异，不过造型结构的复杂程度、雕塑绘画艺术性的高低不同。有些风雨桥建在寨子前面的河流下游，意思是龙从上游到桥头，回头护寨、守寨，因而又叫"回龙桥"。在建筑学上多称为廊桥或风雨桥。

风雨桥一般由巨大的石墩、木结构的桥身、长廊和亭阁组合而成。除石墩外，桥身以上全部为木结构，并大都以杉木为主要建筑材料，整座建筑全系木料凿榫衔接，横穿竖插。桥顶部盖有坚硬严实的瓦片，凡外露的木质表面都涂有防腐桐油，所以贵州山区的一座座风雨桥，横跨溪河，傲立苍穹，久经风雨，仍然坚不可摧。从石墩起，以巨木为梁，用巨木叠合成倒梯形结构的桥梁，抬拱桥身，使受力点均衡（图3-3-19）。

地坪风雨桥，坐落在贵州黎平县城南110公里的地坪乡地坪寨边，一桥飞架在南江河上（图3-3-20）。该桥始建于清光绪二十年（1894年），桥长50.6米，宽4.5米，桥上为木质结构，每排四根柱子穿枋成排，穿枋将各排串联成一体，形成长廊式。桥上三座桥楼突出。桥廊两侧设有通长的长凳供过往行人小憩。凳外侧设有梳齿栏杆，栏杆外有一层外挑的桥檐，既保护了桥梁木构免于日晒雨淋，又增添了桥的美感。桥顶两端和中部的三座桥楼，分别为歇山式和四角攒尖式五重檐楼顶，高约5米，尖端配置葫芦宝顶，远远望去形如鼓楼。桥楼翼角、楼与楼间和桥亭屋脊上塑有倒立鳌鱼、三龙抢宝、双凤朝阳的泥塑。中楼的四根木柱上，绘有四条青龙。楼壁绘有侗族妇女纺纱、织布、刺绣、踩歌堂，以及斗牛和历史人物等图画，天花板彩绘龙凤、白鹤、犀牛等，情景逼真，形象生动。整个桥身结构巧妙，造型技艺精湛。

四、苗族民居

黔东南地区的苗族木结构吊脚楼源于干阑建筑。苗族先民南迁后，为了适应南方的地理环境和气候条件，在贵州高原山高坡陡的环境中，照搬底层全架空的干阑式建筑，势必要占谷地良田，为了解决将民居建在山坡上这一矛盾，采取在斜坡上开挖部分土石方，垫平房屋后部地基，然后用穿斗式木构架在前部作吊层，形成了半楼半地的"吊脚楼"。由于这种形制的房屋在结构、通风、采光、占地等诸多方面，都优于其他建筑，因此，得以长期沿袭，历经千年不衰（图3-3-21）。

苗族寨落选址有如下原则：

1.背靠大山，正面开阔。靠山多为阳坡，向阳能减少寒气压迫，视野辽阔，高能远望，后有依托，便于防守撤退。

2.苗寨多近水源或面河或邻井，同时还考虑避免山洪的危害。

3.有的苗寨选在山巅、垭口或悬崖惊险之处，居高临下，可守可退，同时有种植庄稼供生活之需。

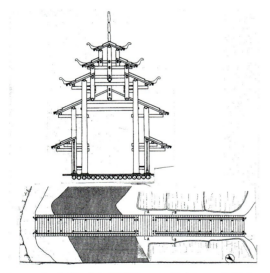

图3-3-18　者蒙风雨桥平面图、剖面图（来源：罗德启 绘）

图3-3-19　者蒙风雨桥（来源：罗德启 摄）

图3-3-20　地坪风雨桥（来源：余压芳 摄）

4.有适宜的自然环境,多数苗寨在讲风水的同时能将二者统一,尽可能选择好朝向,以获得宝贵的阳光。

雷山县郎德上寨,依山傍水,背南面北,四面群山环抱,茂林修竹衬托着古色古香的吊脚楼,蜿蜒的山路掩映在绿林青蔓之中,悦耳动听的苗族飞歌不时在旷野山间回荡。寨前一条弯弯的河流宛如蛇龙悠然长卧,寨子的南面有松杉繁茂的"护寨山",北面有杨大六桥——"风雨桥"横跨于河畔上。寨内吊脚楼鳞次栉比,层叠而上。进寨的小路,早有热情好客身着盛装的苗家姑娘端着牛角酒等候在那里,郎德上寨的十二道拦路酒是进入寨子的必经程序。与此同时,敬酒歌唱起来,芦笙、芒筒也吹起来,这样独特的敬酒仪式隆重、热烈,而又别具风味,让人难以忘怀(图3-3-22)。

另有文斗苗寨、丹寨苗寨、岜沙苗寨的民居建筑,也各具特色,一方面与地形结合,另一方面,与生产结合,体现出丰富的建筑特色(图3-3-23~图3-3-26)。

图3-3-23 雷山西江苗寨民居(来源:胡光华 摄)

图3-3-24 文斗苗寨杉木树皮屋顶(来源:余压芳 摄)

图3-3-21 某迂回布局的苗寨(来源:罗德启 摄)

图3-3-22 朗德上寨(来源:余压芳 摄)

图3-3-25 丹寨苗居山墙入口(来源:余压芳 摄)

图3-3-26 岜沙王家寨近景（来源：余压芳 摄）

第四节 黔东北地区的建筑特征分析

一、区域地理及历史沿革

黔东北建筑文化区包括了贵州东北部和东部部分地区，其地与重庆、湖南接壤，从地域上包括了铜仁市全境和黔东南州黄平、施秉、镇远、三穗、天柱、锦屏等县。该区域是南方长江文明分别经乌江、沅江水系进入贵州的前沿阵地。同时，该区域也是古代百濮、百越和苗瑶三大族系交融聚居之地，至今仍广泛分布着土家族、苗族、侗族、布依族等世居少数民族，是民族建筑与外来长江南方建筑交融最为丰富的区域。

武陵山余脉和乌江、沅江两大水系天然地将该区域分成了两大部分。一部分为武陵山脉以西的乌江中下游建筑文化亚区。自古以来，乌江水运之利使巴蜀文化的势力很早就渗透到该区域西部。明清之后的商贸往来，特别是"湖广填四川"移民的影响，也使该区域渐染荆蜀之气。该亚区也是贵州主要的土家族聚居区，土家族民居特色突出。另一部分为武陵山脉以东、雷公山以北的黔东建筑文化亚区。该区依靠沅江水系锦江、沅阳河、清水江航远之利，自古与荆楚文化有过密切的交流，同时，该区域也为贵州黔东北、黔东南两大苗族与北部侗族、土家族、汉

图3-4-1 俯瞰锦江（来源：李贵云 摄）

族等民族交融共生的家园，因此，该区域建筑在带有地域特色的同时也深受荆楚之风的影响。元代以来，特别是明清以后，由镇远西进的沅阳河和湘黔驿道，成为贵州东部最为繁忙的两条彩带，使荆楚建筑之风深入黔中黄平、重安、清平（今凯里）等地（图3-4-1）。

该区域现有国家历史文化名城镇远，中国历史文化名镇黄平县旧州镇，中国历史文化名村锦屏县隆里村、石阡县楼上村，省级历史文化名镇石阡县城关镇、黄平县旧州镇、锦屏县隆里乡（集镇）、锦屏县茅坪镇、印江县木黄镇、松桃县寨英镇，省级历史文化街区铜仁中南门历史街区，省级历史文化名村江口县云舍村。有镇远城墙、青龙洞古建筑，铜仁城墙、川主宫、东山寺、飞山宫，思南府文庙、万寿宫、王爷庙、永祥寺、川主庙，石阡府文庙、万寿宫、禹王宫，黄平旧州古建筑群、岩门司城垣，松桃寨英村古建筑群，石阡楼上村古建筑群，天柱三门塘村古建筑等国家级文物保护建筑（图3-4-2、图3-4-3）。

该区域民居类型丰富多彩，有带封火山墙的商贸民居，有

图3-4-2　铜仁四合院群落（来源：娄青 摄）

图3-4-4　印江合水民居（来源：娄青 摄）

图3-4-3　楼上古寨（来源：郭英竹 摄）

图3-4-5　石阡府文庙全景（来源：娄青 摄）

穿斗式的土家族和苗族民居，有以石为墙的松桃苗族民居，有干阑穿斗与封火山墙结合的侗族和苗族民居，甚至还有清末中西合璧式风格的民居。同时，该区域受荆楚文化的影响，宗族观念特别浓厚，印江、铜仁、天柱、锦屏一带宗祠建筑大量涌现，也展现了地方建筑的特色（图3-4-4、图3-4-5）。

黔东北建筑文化区处于云贵高原向湘西丘陵过渡的斜坡地带，西北高，东南低，平均海拔在500～1000米之间。区域内最高山脉为武陵山，山脉以东是丘陵地带，河流切割较浅，地面平缓起伏，河流沿岸多是山间坝子，一般海拔在300～800米之间；山脉以西是岩溶山原地貌，一般海拔在600～1000米之间，相对高差达600～800米。但在远离河谷的山原面上岩溶、丘陵、洼地较多，地面起伏不太大。区域以山地为主，丘陵次之，坝子及其他地貌所占非常少。

该区域很早就与巴蜀、荆楚文化有过频繁的接触和交流。乌江中游与重庆濒临地区，近年发现了洪渡中锥堡、黑獭大河嘴等新石器时代至商周遗址群，出土石器、陶器反映出十二桥文化、峡江地区古文化和早期巴蜀文化向乌江发展的信息。清水江下游近年也发现数处新石器时代遗址。远口坡脚遗址清理出大量新石器时代晚期灰坑、灰堆、石堆和窑址等遗迹，出土陶片、石片、石核、石球及砍砸器、刮削器等近万件，文化特征基本与湘西高庙文化相同。遗址中还清理出东周时期墓葬2座，出土滑石璧2件，大者直径18厘米，小者直径16厘米。墓葬体现出较浓厚的楚墓特征。天柱白市烂草坪遗址出土遗物有大量陶片和石制品，磨制石器较少，有斧、凿、锛、钺等类，多数磨制粗糙，仅见的一件石钺采用了对穿孔技术。陶片数量较多，但未见完整器。可辨器形有釜、罐、钵、支脚、圈足盘等，以釜、罐类为主。清理的5座墓葬中，M5头龛内随葬陶豆1件，属战国时期墓葬；M3为长方形竖穴土坑墓，棺外头侧随葬两件魂瓶，内盛"治平元宝"等北宋钱币10余枚，魂瓶造型庄重、构思精巧，年代在宋元时期。初步研究表明，清水江出土的陶器基本同位于其下游地区沅水流域的洪江高庙遗址群，石器特征则继承湘西"沅水类型"的大石器传统，因而可将该区域文化遗存归入"高庙文化"中。同时，在锦江磨刀湾遗址、笔架冲遗址和方田坝遗址清理出灰坑、灰沟、陶窑、陶灶和柱洞等遗迹，出土有大量的陶片和石制品，发掘者认为三处遗址的主体年代在西周至春秋时期。[①]

在春秋以前，该区域被称为"南蛮"或"荆蛮"之地，属牂柯国和楚国的黔中地，后分属夜郎国。秦时置黔中郡，汉时改秦黔中郡为武陵郡。区域大部属武陵郡所辖。三国时期属吴武陵郡。隋代，区域分属牂柯郡、明阳郡、黔安郡、巴东郡和沅陵郡。唐代改郡为"道"后，属黔中道思州、费州、锦州、奖州、巫州、黔州等所领。宋代为夔州路田氏、黔州所领羁縻州所属，部分为荆湖北路沅州、靖州所辖。元代在民族地区推行土司制度，分属四川播州宣慰司、湖广思州宣慰司，天柱等地属沅州路。明代"改土归流"、"开辟苗疆"，遂废思州宣慰司，置思南府、石阡府、铜仁府、思州府、镇远府、黎平府，隶属贵州布政司，天柱属湖广靖州所领。清代区划基本袭明代，镇远府将黄平、天柱纳入管辖。

二、区域文化及建筑特色

黔东北建筑文化区为百濮、百越和苗瑶三大族系交融聚居之地，至今仍广泛分布着土家族、苗族、侗族、布依族等世居少数民族。土家族是中国历史悠久的少数民族，在贵州主要分布在黔东北沿河、印江、德江、思南、江口、铜仁等地。土家族与古巴人有着极深的渊源关系。《华阳国志》载，古巴国"其地东至鱼复（今奉节），西至僰道（今宜宾），北接汉中，南极黔、涪"。黔即贵州黔东北。楚灭巴后，巴人分五支流入今贵州、重庆、湖南交接地带，史称"五溪蛮"。唐宋时期，对土家族称呼较细，有"夔州蛮"、"彭水蛮"、"辰州蛮"等叫法。明代称"土人"、"土蛮"，明清"改土归流"后，大量汉人进入，土家族的称谓才开始出现。黔东北苗族分两大区域，一是铜仁市松桃、江口、思南等县，除松桃与湘、渝、鄂苗族聚居区连成一片外，其余多与土家、汉、侗杂居，与历史时期"五溪蛮"有渊源关系。二是黔东南黄平、施秉、镇远、岑巩、三穗、天柱、锦屏等县，由西向东、由南往北，与侗族、汉族杂居。黔东北侗族主要分布于区域南部，并由北向南逐步靠近黔、湘、桂侗族聚居区。石阡、江口、岑巩、天柱、锦屏等县的侗族，由于长期与外来文化交融，很多已经出现了相当程度的"汉化"现象。

黔东北地区的发展除政治、军事原因外，与区域内较贵州其他地区早且发达的水陆交通密切相关。近年于锦江、清水江发现的新石器至商周时期遗址，表明锦江、沅阳河、清水江等沅系水道很早就已经开发。春秋时期，楚与巴之间的战争多沿水道而发生。楚昭公十九年（公元前523年），"楚子为舟师以伐濮"，应为逆沅水而上进行的征伐。公元前4世纪，楚将庄蹻率军溯沅水而上取黔中，灭且兰，降夜郎，王滇池，走的是沅江水系沅阳河水道。之后，沅江水系遂为黔东北、黔东地区与荆楚地区进行交流及商业往来的重要通道，许多重大的政治事件也在这条航运水道上发生。元至元三十年前后（1293年），由于沅阳河沿岸人口密集，设治地点较多，经济较为发达，中央政府逐设立沅阳河水驿，在今贵州境内有大田（今镇远）、清浪（今清溪）、平溪（今玉屏）三水站。元代水驿的开通，不仅使黔中、黔东北区域加深了与湖广的联系，还使元代新辟的昆明经贵阳到镇远的驿路交通与中原地区的联系更加紧密。明代，舞阳河水运已经可上至黄平（今黄平旧州），锦江、清水江的航运则进一步发展，铜仁、省溪（今江口）、新市（今天柱瓮洞）、铜鼓（今锦屏）、镇远、思州（今岑巩）等港埠兴起或进一步兴盛，大量的军粮运输，木材、食盐、土特产交易往来于湖广、贵州之间。清代，沅系水道更是进一步发展。镇远、思州已然"舟车辐辏，货物集聚"，黄平更是"楚米万石"可达城下。清雍正年间在苗疆"改土归流"的强力推

[①] 参考贵州省文物考古研究所相关资料。

进，使清水江航运进一步向西挺进，三门塘、远口、王寨、茅坪、挂治、清江（今剑河）、施秉（今施洞）、台拱（今台江）、下司、重安江、都匀等水运港埠兴起，成为木材交易黄金水道。清末民国，沅系航运发展到鼎盛时期。[①]

如果说沅系水道带来了湖广之风，那么东部的川系水道则来自巴蜀与荆楚文化的影响力。从近年的考古发现来看，乌江航运早在新石器至商周时期便已有所发展。秦楚争雄中，乌江水运扮演了重要角色。公元前316年，秦灭巴蜀后，秦将司马错率军"从积（今涪陵）南入，沂舟涪水（乌江）"，再越过武陵分水岭，顺沅水东进，取楚地黔中，置黔中郡。隋开皇五年（公元585年），于乌江置涪川县（今思南、德江间）、十九年又置务川县（今沿河），是乌江通航河道设县治的开端。唐代，乌江航运进一步向上延伸，到达费州境（今思南、德江）。明代，乌江水运进入了新的历史时期，龚滩、思南、石阡的港埠的兴盛，不仅是乌江航运发展的标志，而且使沅江水道与乌江水道通过石阡水陆码头联系在一起，直接促使石阡于永乐十一年（1413年）建府。明代，由涪陵溯乌江而上的川盐运输也促进了乌江航运的发展。清代，川盐运输成为乌江航运的大宗，同时，粮食、桐油、土药、麻布、木材、五倍子等交易也促进了黔中文化与巴蜀、荆楚文化的交融。

文化上的交融，经贸上的往来，也对建筑文化带来了深刻的影响。由于长期受巴蜀、荆楚、湖广文化的影响，黔东北建筑也体现出这些文化所留下的种种基因，造就了该区域建筑与贵州其他地方的差异（图3-4-6）。从总体上看，黔东北乌江水系区域内的建筑多呈巴蜀和荆楚之风，沅江水系区域内建筑则浸润着湖广之气，当然，在这些明显的外来风格下面，也阻止不了当地建筑应有的地位。

三、传统建筑案例

（一）思南府文庙

思南府文庙位于思南县城，始建于元代，具体年代无

图3-4-6　松桃寨英镇石门街巷（来源：娄青 摄）

考，原为思南宣慰使田氏住宅。明成化二十二年（1486年）重建。后经12次维修、扩建。清嘉庆二年（1797年）知府袁纯德重修，清嘉庆四年（1799年）颁御书"圣集大成"匾额，十二年（1807年）知府项应莲重修。清道光元年（1821年）维修。清末、民国期间为思南凤仪校舍。

府文庙坐西朝东，东低西高，利用自然地形而建（图3-4-7）。现存礼门、义路、泮池、棂星门、大成门、两厢、大成殿、崇圣祠、追封殿等。占地面积约6000平方米，建筑面积1600平方米。大成殿面阔五间，通面阔24.9米，进深五间，通进深17.2米，穿斗抬柱混合式歇山青瓦顶。廊间装卷棚顶，廊柱间装挂落，明间、次间装隔扇门，两梢间装槛窗，前檐檐下装鹤颈椽及板，廊柱装狮子倒立撑拱。露明造。正、垂、戗脊均为卷草镂空图案，狮子垂兽。正脊中置五级葫芦宝顶，歇山翘角龙鱼吻饰。卷草、动物纹饰沟头、滴水。大成殿面阔五间，通面阔22米，进深四间，通进深7

[①] 参考《贵州航运史》，人民交通出版社，1993年6月第一版。

米，穿斗式悬山青瓦顶。崇圣祠面阔三间，通面阔13米，进深三间，通进深8米，穿斗式悬山青瓦顶。追封殿面阔三间，通面阔15米，进深三间。通进深9米，穿斗式悬山青瓦顶。

（二）黄平飞云崖

黄平飞云崖位于黄平县新州镇东坡村湘黔公路北侧（图3-4-8）。明正统八年(1443年)首建月潭寺，其后多次续修扩建。现存大部分为明清建筑。飞云崖古建筑群及后山天然林，建有内外两道砖墙围护。外墙东至飞云崖瀑布，南临秀水溪，西抵赛马场、斗鸟场，北为后山天然林。内墙依山傍水而建，将飞云崖古建筑群围在其中。主要建筑有飞云崖牌坊、藏经楼、长廊、滴翠亭、碑亭、接引阁、小官厅、观音殿、圣果亭、童子亭和月潭寺牌坊、云在堂、养云阁及大雄宝殿等，建筑面积4274平方米。另保存历史名人摩崖题刻数十通。飞云崖古建筑群依山就势而建，充分利用自然地形合理布局，集亭台楼阁及合院式、殿式建筑于一隅，堪称贵州山地建筑的百花园。官厅建筑更是将屋脊做成中间高、两边低的弧形，以喻官帽，为贵州建筑中的孤例。2006年被公布为全国重点文物保护单位。

（三）石阡万寿宫

石阡万寿宫又称豫章合省会馆，位于石阡县城，由旅居石阡的江西人始建于明代（图3-4-9、图3-4-10）。清康熙五十八年（1719年）、清雍正十三年（1735年）、清乾隆三年（1758年）相继维修扩建。清乾隆三十二年（1767年），江西南昌等五府商贾捐资再建。清道光年间改建。

万寿宫坐北朝南，分别有左、中、右三条轴线组成三进院落，左为圣帝宫，右为紫云宫，中为万寿宫及戏楼，周围封高约14米砖墙。占地面积2300平方米，建筑面积1620平方米。石阡万寿宫规模宏大，是贵州为数不多的由三条轴线组成的大型院落式建筑群，同时，其雕饰精美、内容丰富的砖雕，是贵州古建筑砖雕的代表之作。

万寿宫正门为六柱三间三层三重檐砖石牌楼式大门，通高11.98米。石质拱券门宽2.28米，高3.87米。二层中部

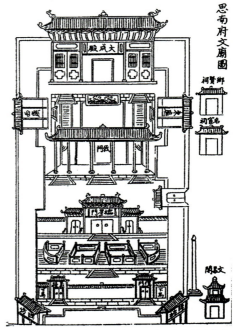

图3-4-7 思南府文庙（来源：《思南府续志》）

图3-4-8 黄平飞云崖（来源：余压芳 摄）

竖向楷书阳刻"万寿宫"3字，两侧砖雕"八仙"人物图。大门两侧砖雕"龙"、"凤"图案。正面遍施泥塑、彩绘。大门之后为门房，一楼一底，明间为门廊，屋面凸出为歇山屋顶。进门院落左侧为戏楼。戏楼二层，穿斗抬柱式歇山青筒瓦顶，三面台枋雕刻有16幅三国故事图案，檐口置装饰性如意斗栱，戏台顶设正方形藻井，正中为"丹凤朝阳"木雕，四周绘山水图画。戏楼两侧为悬山式单坡青瓦顶耳房。正殿面阔三间，通面阔14.08米，进深三间，通进深9.61

图3-4-9　石阡万寿宫（来源：余压芳 摄）

图3-5-1　二十四道拐（来源：陈亚林 摄影）

图3-4-10　石阡万寿宫内院（来源：余压芳 摄）

米，穿斗抬柱混合结构硬山青瓦顶。正殿南侧山墙上嵌清代重修万寿宫石碑2通。

第五节　黔西地区的建筑特征分析

一、区域地理及历史沿革

黔西地区属于珠江流域北盘江和南盘江水系地区。区域总体地势北高南低、西高东低，北为乌蒙山脉主体地区，高山连绵，南部为北盘江、南盘江水系区域。从建置沿革来看，区域大部曾长期属云南所辖，故难免受到云南文化辐射的影响。同时，该区域也是多民族聚居的地区，除彝族、回族、苗族、布依族、汉族等分布较广的民族外，还有少量白族、瑶族等少数民族聚居。

就建筑而言，该区域北部建筑受巴蜀与滇东北建筑的影响，中南部受黔中建筑与滇东建筑的影响。同时，当地彝族、布依族、汉族结合当地的自然环境，创造风格各异的民居建筑。秦汉时期，区域北部得益于巴蜀与云南交通之利，成为贵州开发较早的地区，也是古夜郎国的重要核心区域。元代以后，昆明至镇远的驿道打通，南部区域遂成为云南经贵州过湖南往北京的重要通道（图3-5-1）。于是，南部地区在明清至民国这段时期得到了较快的发展，留下了众多古建筑遗迹。

该区域现有省级历史文化名镇安龙县城关镇、盘县城关镇和贞丰县城老城区省级历史文化街区；有省级历史文化名村贞丰县者相镇纳孔村、威宁县石门乡石门坎村；有鲁屯石牌坊、刘氏庄园、普安崧岿寺、安龙十八先生墓祠等国家级文物保护建筑；有盘县古城垣、文庙、城隍庙、普福寺，安龙招堤、兴义府试院，兴仁三家寨道堂、寿福寺等重要古建筑。

区域历史悠久，民族众多，文化丰富。1973年发掘的水城硝灰洞遗址，出土的石制品加工为"锐棱砸击法"，时代比国内相同加工技术的遗址要早，在国内外占有重要地位。盘县大洞遗址，堆积物达9900平方米，规模巨大，文化内涵丰富，被称为远古人类巨大的宰剖动物场所、石器加工工场。据两种不同样品的铀系测年，大洞遗址为距今约13万~30万年，文化性质与黔西观音洞文化颇相似。经过多次发掘，出土遗物丰富，有灰烬和大量烧骨等用火遗迹，以出土2500多件石制品和43种动物化石和2枚早期智人牙化石，以及修理台面技术在石核、石片上表现较多的进步性和类似欧洲"勒瓦娄哇"型技术，而受到学术界的广泛关注。兴义猫猫洞文化是中国旧石器时代晚期文化的典型代表之一，突出反映了中国旧石器时代晚期文化发展的多样性和区域性。同时，区域还发现了兴义张口洞、安龙观音洞等旧石器时代晚期遗址数十处。新石器时代，近年在位于贵州西北云贵两省交汇处的乌蒙山脉西缘牛栏江水系威宁县中水盆地，发现新石器时代晚期至商周时期的遗存近7处，其中以鸡公山遗址发掘成果最为丰富，被称为"鸡公山文化"。同时，在北盘江、南盘江水系，近年也发现了多处新石器时期至汉代遗址，清理出房址、墓葬、石器加工场、灰坑等遗迹，出土物主要是石器和陶器。

黔西建筑文化区也是古夜郎国的主体区域。从20世纪50年代开始，贵州西部的盘县、威宁中水、辅处、赫章可乐、普安铜鼓山、安龙、兴义、兴仁、册亨、望谟、晴隆、六枝、织金等地就陆续有战国秦汉时期的青铜遗物发现。考古界一般认为其即夜郎之遗存。在众多的遗存中，威宁中水、赫章可乐和普安铜鼓山三处遗址最为重要。除具有较强的自身特色外，可乐墓地中巴蜀文化因素较浓（为数不菲的巴蜀式柳叶形剑可能直接自巴蜀地区输入），威宁中水遗址反映了云南昭鲁盆地文化向东渗透的现象。从目前的材料看，贵州西南地区与其周邻桂西北、滇东南的联系至为密切，远甚于其与黔西北地区的文化联系，可能存在一个包括黔西南兴义、安龙、普安、册亨、望谟等与滇东南丘北、广南、富宁及桂西北右江上游百色、田阳、田东等地区在内的一个文化圈。

秦汉时期，该区域为古夜郎国所领，属西南夷地区。北部为犍为郡所辖，南部为牂柯郡所辖。三国时期，区域为蜀国所领，魏晋南北朝时期，区域分属朱提、建宁、牂柯三郡。隋唐时期，区域分属黔中道和剑南道。两宋时期，区域为宋与大理国交界地区，部分为宋属罗殿、自杞所领，部分为大理国所辖。元代，区域大部属云南行省乌撒路、普安路所辖，部分为湖广行省所辖。明代，区域分属四川乌撒府、贵州宣慰司、安南卫、普安州，广西安隆司、泗城州所辖。清代，区域总算完全划归贵州管辖，分属大定府、兴义府和普安厅。

二、区域文化及建筑特色

从建置沿革来看，区域曾长期属云南、四川、广西所辖，故难免受到相关省域的文化辐射影响。同时，区域也是多民族聚居的地区，彝族、回族、苗族、布依族、汉族为该区域分布较广的民族，另外，区域内也有白族、瑶族等少数民族（图3-5-2）。

据汉文和彝文历史资料记载，彝族先民与分布于我国西部的古羌人有着密切的关系，彝族主要源自古羌人。在公元前2世纪至公元初期，彝族先民活动的中心大约在滇池、邛都（今四川西昌东南）两个区域。在这些地区居住着称为"邛都"、"昆明"、"劳浸"、"靡莫"和"滇"等从事农业或游牧的部落。大约在公元3世纪以后，彝族的先民已经从安宁河流域、金沙江两岸、云南滇池、哀牢山等地逐渐扩展到滇东北、滇南、黔西北及广西西北部。公元8世纪，在云南哀牢山北部和洱海地区出现了六个地方政权，史称"六诏"（六王）。其中"蒙舍诏"的首领皮罗阁在公元783年统一"六诏"，建立了以彝族为主体，包括白、纳西等族在内的"南诏"奴隶制政权，并由唐朝册封为"云南王"。同一时期，在贵州彝族地区也出现了"罗甸"等政权，总称为"罗氏鬼主"。公元937年，封建制的"大理政权"取代了由于奴隶和农民起义而崩溃的"南诏"，从此，云南彝区开始走向封建制。13世纪后，"大理"、"罗甸"相继被元朝征服，并在这些地区设置路、府、州、县和宣慰司。明

图3-5-2　梭戛长角苗跳花节场景（来源：余压芳 摄）

代，在彝族地区兼设流官、土流兼治和土官三种官职，对彝族地区的经济发展起了十分显著的促进作用。清代实行"改土归流"，加强了对彝族地区的直接统治，从而使大多数彝族地区的领主经济解体，封建地主经济进一步发展。

布依族是黔西地区的主要聚居民族，与古夜郎国有着千丝万缕的关系。布依族源于古"百越"，秦汉以前称"濮越"或"濮夷"，东汉六朝称"僚"，唐宋称"蕃蛮"，元、明、清至中华人民共和国成立前称"八蕃"、"仲家"、"侬家"、"布笼"、"笼人"、"土人"、"夷族"等。

汉族是较早进入该区域的重要民族。在赫章、威宁、兴仁、兴义等地发现了大量的汉代遗址，其中就有不少带有明显的汉文化特征，表明汉族至迟在汉代便已经进入黔西地区。汉人进入黔西地区，也影响了当地的建筑文化，赫章可乐还出土了干阑式建筑的陶屋。唐宋时期，由于黔西长期处于南诏、大理等地方政权与中央王朝的争夺地带，汉人进入较少。元代以后，特别是明清以后，中央王朝逐渐加强对西南的控制，受政治、军事及经济因素的影响，贵州西部地区迎来了汉族移民进入的高峰期。苗族也是黔西地区重要的外来民族。从唐宋至元明清时期，分布在湘西、黔东的苗族因各种原因西迁。贞丰、兴仁、安龙一带的苗族，是200多年前乾嘉起义失败后受清廷压迫而由黄平、台江等县迁入，操苗语黔东方言。回族也是黔西地区的外来民族。早在元初，便有回族随军到达威宁地区。明初的"调北征南"，也使大批回族进入黔西地区。明末清初，一些回族也是随军进入贵州，并留居在威宁、盘县、普安、兴仁等地。

汉族、苗族、回族等移民的进入对黔西地区的建筑营造产生了重要的影响，同时，当地民族建筑也在缓慢的发展中，形成黔西地区民族与地域特色的建筑文化。区域北部自古为四川与云南连接的文化走廊，因此位于古代交通要道上的建筑多受云南和巴蜀文化的影响。除此之外，北部地区建筑主要以彝族民居为代表，这些民居更接近云南彝族风格。民居建筑大量使用土坯，屋面有草顶、石板、青瓦、筒瓦等材料，在威宁一带的民居屋面还采取筒瓦"压边"的做法以防风。中部地区为云南通贵州的重要交通要道，故盘县、普安、晴隆一线及兴仁、

兴义、贞丰、安龙等地，其建筑多受滇东及黔中建筑的交叉影响而形成了自己的特色。同时，中部地区也是屯军的重要区域，故当地民居与汉式民居有很多相似之处，大量使用石材、青砖、土砖等外墙材料，注重门窗等细部的雕刻。如兴义鲁屯、盘县水塘等民居。南部地区的干阑式布依族民居、禾仓与黔南、黔东南区域的布依族、水族、瑶族民居也有颇多的相似之处。由于黔西地区聚居着一定数量的回族，该区域也出现了清真寺等带回族特色的建筑，这是贵州其他区域十分少见的。

图3-5-3 关岭顶营司寨门（来源：娄青 摄）

图3-5-4 盘县馆驿坡清末街景（来源：盘县城关镇政府提供）

图3-5-5 妥乐村俯瞰（来源：邓强 摄）

图3-5-6 普安铜鼓山村民居建筑（来源：娄青 摄）

图3-5-7 盘县普福寺（来源：贵州省文保中心）

清末至民国时期，黔西地区的经济有了一定发展，特别是烟土种植带来的畸形发展和虚假繁荣，使黔西地区出现了一批集贸城镇，如关岭、盘县、普安等。（图3-5-3～图3-5-6）。

三、传统建筑案例

（一）盘县普福寺

普福寺始建于明崇祯年间（1628～1644年），清光绪十八年（1892年），紧贴大士庵后檐建一个四角攒尖顶方亭。20世纪50年代作为学校，60年代改为粮仓。现存大士庵、大殿及其两配殿和方亭（亦称戏楼）。普福寺大殿面阔三间，进深十一檩，双步前廊，穿斗抬梁混合式结构，硬山青瓦顶。大殿十分重视前檐及廊间装饰，明间檐柱石狮高柱础，雕刻精美。双步廊架使前廊开敞轩亮，梁架雕刻古朴大方，梁头卷云、双鱼吐水卷纹驼墩及月梁做法，为贵州现存早期建筑的精品。明间五架梁用材较大，使用减柱造，大大拓展室内空间。目前，对于该建筑的始建年代及规模形制等尚需进一步研究，但可肯定其应为贵州现存古代早期建筑的代表之作（图3-5-7）。

（二）鲁屯石牌坊

鲁屯石牌坊群位于贵州省兴义市鲁屯镇。原建四座，均为跨街而建。1966年拆毁一座，现存三座：一是耸立于南门口建于清道光十八年（1838年）的"生员李汝兰之母百岁坊"；二是耸立于铁匠街建于清道光二十五年（1845年）的"李锦章百岁坊"；三是坐落在包谷市建于清道光十九年（1839年）的"黄建勋之母李氏节孝坊"。三座牌坊均系四柱三门五楼式青石质坊，构件均用完整的石料加工而成，铆榫衔接，丝丝入扣，柱板相连，构架精巧，比例得当，各级楼盖层层收缩上举，受力合理。枋构各柱四面均有寓意深远的阴刻楹联，刻艺细致洗练，文字对仗工整，书体楷、行、隶兼有。鲁屯石牌坊群既有中国南方牌坊建筑的传统艺术手法，又不乏地方特色。同时，牌坊集能工巧匠和书法雕刻艺术之大成于一炉的生动再现，具有鲜明的地方特点，融历史的真实、文化的精华于一体。所有这些为研究贵州清朝时期建筑风格、构造和形式等方面提供了真实的物证，也见证了儒家文化和军屯文化在该地域的传播和影响。

鲁屯石牌坊造型匀称，庄重和谐。三座牌坊中"李汝兰之母百岁坊"和"黄建勋之母节孝坊"以明间字碑正中为造型分割中心。以字碑正中为圆心，以字碑正中到地面的距离为半径，恰好可以把整座牌坊框在圆内。两座牌坊的半径分别为4695毫米和4625毫米，百岁坊比节孝坊略大。"李锦章百岁坊"以字碑正中上方一寸左右为圆心，半径为5055毫米，比"李汝兰之母百岁坊"还大360毫米（约一尺一寸）。可见古人修建牌坊时的独具匠心，除要考虑比例的协调外，还要注意牌坊在等级上的差别。牌坊比例上的协调和尺度的分配，是长期总结经验和规范模数的结果。比例协调，结构合理，使三座牌坊仅靠重力就能稳固地耸立多年。1978年4月2日，离"李锦章百岁坊"不远的鲁屯公社办公

图3-5-8　鲁屯石牌坊（来源：贵州省文保中心）

图3-5-9　兴义刘氏庄园（来源：贵州省文保中心）

房内堆放的炸药，不慎引起爆炸，"李锦章百岁坊"仅局部受震脱榫，而爆炸地点近百米的建筑均被炸开，牌坊的抗震强度可见一斑。三座牌坊对研究中国牌坊的比例关系、等级关系、建造技术具有重要的价值。

鲁屯牌坊群石雕艺术精美，运用了阴刻、阳刻、浮雕、透雕、圆雕等技法，内容以卷草、云纹、花卉、人物等图案为主，内容丰富，纹饰精美，线条流畅，充分展现了云贵相连地区的地域风格，是贵州清晚期石雕艺术的精品。坊上所刻匾、对、序文等，多出自地方杰出文人或官宦之手，书法精美、对仗工整，既有较高的艺术价值，又有丰富的文化内涵。2013年5月被公布为全国重点文物保护单位（图3-5-8）

（三）兴义刘氏庄园

刘氏庄园位于贵州省黔西南州兴义市下五屯街道办办事处峰林北路，系刘燕山创修。刘燕山，祖籍湖南邵阳，清嘉庆年间其祖入黔，定居兴义泥凼，以卖文具、榨油为业，积累了一定资金，迁至下五屯后家业日兴，成为下五屯的首户和当地最大的地主，开始修建庄园。清咸丰、同治年间，创办团练，镇压回民起义，得到清廷赏赐三品顶戴，开缺兴义知府、滇西候补道、授靖边营团管带等要职。清咸丰十年（1860年），在太平天国的影响下，黔西南爆发了声势浩大的回族农民起义，刘燕山为巩固自己的利益，募勇组办团练，并亲率次子刘官霖、三子刘官礼赶修庄园炮楼及城垣抵抗白旗义军的进攻。农民起义平定后，刘统之兴办团防、修筑道路、赈济贫民、兴办教育，修建会馆、寺庙、昭忠祠等建筑。由于教育革新、兴办学校、培养出来了刘显世、刘显潜、何应钦、王伯群等不少显赫的人物，至此刘氏家族依靠团练起家，势力很快由盘江流域推进到省城贵阳。

庄园始建于清嘉庆年间，清咸同时期初具规模（图3-5-9）。到民国期间，又大兴土木，占地近百亩，使之成为贵州省最大的庄园，平面呈"凸"字形，占地53000平方米，房间200余间，建筑面积18239平方米的各式建筑，由多个独立的小院组成，结构布局，奇巧独特。重墙夹巷，错综复杂，曲径穿梭，徘徊迂回；幢幢庭楼，中西璧合，古朴典雅，功能各异，分布于新老宗祠的楼台庭院间。半封建殖民地历史下，兴义的经济、文化、民俗风格的巧妙融合，形成了这个庄园的鲜明特色，那就是集军阀、官僚、地主于一体。

庄园现存刘显潜居室、刘登吾居室（西式建筑）、七间房、花厅、书房、长工房和花园鱼池、老宗祠、新宗祠、忠义祠、家庙、兵工房、炮楼、院墙垣及演武场等。

下篇：贵州当代建筑传承与发展

第四章　贵州当代建筑创作概述

　　回眸历史，贵州是一个"五方杂处"的所在，各种外来文化与本土文化汇聚，形成"多元一体"的文化格局。但由于受地域特定的地理环境、社会文化、经济技术的影响，纵观历史，还是形成不少有地域特色的建筑。贵州建筑特色的形成历经了从弱势起步、自发延续、民族形式探索、"文化大革命"的思想束缚等不同历史阶段的徘徊与重塑，使贵州建筑留下鲜明的历史痕迹和时代烙印。国际主义建筑思潮在中国出现的时候，贵州建筑师能够着眼当代、根系本土，将充满乡土的、民族文化的和山地特色的建筑显现出来。21世纪，建筑设计更是向多元化方向发展，地域性概念开始由过去的模仿个别要素发展到把握总体环境，并融入现代气息。

　　可以说，贵州多年来地域建筑创作过程，是设计理念和地域传统意识伴随时代发展演进的过程，是关注当代发展、注重现代语境、借鉴传承传统文化和发展的过程，也是站在当代立场审视传统，用当代建筑语汇传承地域文化的过程。

第一节 贵州传统建筑现代化的长期实践

一、总体研究思路与方法

本课题的研究内容，在总结相关实例经验教训的基础上，进行深入调研和分析，总结出典型的地域文化元素，提出适合贵州具体情况的探索性研究成果。

从文化层面探索→归纳宏观影响机制→(不同机制背景下)造就出不同特色的建筑→形成不同地域特色的建筑风格(风貌)→再从普遍中提炼特色元素(共性中找个性)→应用于(不同地区的)当代建筑创作→微观归纳创作应用途径（图4-1-1、图4-1-2）。

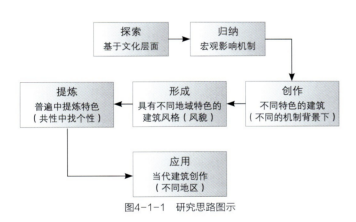

图4-1-1 研究思路图示

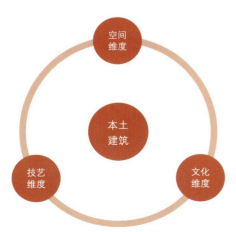

图4-1-2 地域建筑构成维度

二、建筑特色的影响机制

特色是物质要素与非物质要素互相融合的综合体。特色的形成是融入了特别的文化，成为在视觉上可以感知的外在形象。一个地区长久形成的文化，也是物质要素和非物质要素碰撞的结果。这个过程是复杂的，是可以感知却是无法设计的。

特色来源于自然生态资源、民族文化资源、民居文化资源。贵州建筑特色的影响机制有如下几方面。

（一）地理环境影响

一个区域文化的形成，往往与地理文化相吻合。区域内的建筑文化的形成，又受地形、气候、土壤、生产方式等诸多影响。

地理环境是人类社会和文化的重要组成部分，也是特色之基础，地理环境可以为文化的发展提供多种可能性，地理环境的差异，对物质生产方式的影响反映在文化的区域性特征上，因此利用地理环境所提供的条件，去创造独具特色的建筑类型，是建筑创作一个极好的途径。

贵州地域性文化体现有高原文化、山地文化的特征，素有"山国"之称的省份，山地占全省面积的87%，丘陵占10%，因此山坡地形，直接影响到建筑形式。

结合自然环境是做出建筑特色最重要的方面之一，因为任何地方的自然环境是不可能完全相同的，设计结合环境地貌是一个永远不会过时的理念。特别是在高原山区结合自然环境进行建筑设计，不仅可以节约用地满足建筑的实用功能，而且可以利用环境要素构成具有山地特色的建筑空间形态。

（二）社会文化影响

文化传统是一个地区特色的积淀，一个地区文化的形成必须经历长期的文化融合。不同的地理文化直接影响到受地理生存条件影响而生成的人文文化，从历史渊源看，贵州历史上的夜郎文化、牂牁文化、土司文化、屯堡文化、红色文化又是其文化背景中的亮点；从民族的因素看，贵州少数民族分布广泛，其生活环境和习俗的差异形成了丰富多彩的少数民族文化。每个民族都有其特定的文化，每个地域的文化，也必定是居住在这个地域的各民族文化的复合体。文化是传承和发扬地域精神的活力，是一个地区文化精神集中体现的具体象征。简言之，地域文化也有着特定的民族学背景，建筑作为文化的物质表现形式，更是在民族学背景面前展现出多姿多彩的面貌。

贵州的社会文化对建筑产生影响的有历史文化、民族文化、宗教文化、军事文化、外来文化等等。它们对建筑展现地域特色具有重要作用。贵州文化资源丰富，都是创作的素材，它为建筑创作融入贵州文化元素创造了条件。

（三）技术经济影响

建筑发展总是与一定的建筑技术发展水平相适应。一般来说，建筑功能要求的演进，是促进建筑技术发展的重要因素，一旦原有的技术条件不能满足新的功能要求时，就会促进技术自身的变革和进步。另一方面，建筑技术的发展，又要受经济基础的制约，任何技术都不可能超越经济基础所允许的条件向前跃进。此外，还有多种因素影响建筑技术、建筑材料和建筑形式的发展，尤其是建筑材料，对区域的施工和工具以及人类生活都有决定性作用。

因此，经济是激发地区建筑发展的潜力，也是承担和促进区域建筑发展的原动力（表4-1-1）。

贵州建筑风格的影响机制及传承应用　　　　　　　　　　　　　　　表4-1-1

影响因素	因子	表现特征	当代建筑传承应用
地理文化 （自然环境）	区域气候	温和湿润	灵活多变、空间开敞、内外融合
	环境地貌	高低不平	高低错落、依山就势、因地施建
	建筑材料	自然材质	乡土特质、现代技艺、就地取材
社会文化 （历史·民俗·宗教）	历史文化	厚重悠远	1. 攀仿传统形态、再现历史风貌 2. 元素构件重组、唤醒历史记忆 3. 内涵抽象隐喻、表达人文精神 4. 塑造文化意向、传承历史文脉
	民族文化	多远融和	
技术经济	材料	乡土资源	自然淳朴、质感肌理
	技术	民间技艺	粗犷独特、传承发展
	经济	与社会发展同步	体现时代经济景观

第二节　地域建筑创作历史回眸

在我国的文明发展史中，贵州有其独特的社会经济、历史和文化，其中富有地域风格和民族特色的建筑，是其重要的组成部分。贵州历史上有创造的特色建筑实例也不在少数。

一、历史上的特色建筑

贵州在历史上是一个"五方杂处"的所在，各种外来文化与本土文化汇聚，形成"多元一体"的文化局面。纵观贵州历史，有特色的建筑都和地理环境、社会文化、经济技术密切相关。

从自然环境看，贵州是一个多山的省份，由于特殊的地理地貌，受不同地理环境影响而生成的建筑文化，就显现出独特的山地特征。

从民族因素看，贵州是多民族省份，少数民族有苗、布依、侗、土家、彝、仡佬、水、回、白、瑶、壮、畲、毛南、蒙古、仫佬、满、羌等17个。少数民族生活习俗差异，又体现建筑文化的民族性特征。

从文化范畴看，贵州是我国唯一的移民省份，外来文化的引进，以及在历史上出现的民族、宗教、军事文化等又形成贵州社会文化背景中的亮点。民族文化的多样，形成了贵州建筑文化的多元化特征。

因此，高原山丘的地理环境、社会文化、区域经济发展等因素，造就了贵州历史上丰富多彩的特色建筑。

比如明万历十八年（1594年）建造的平坝天台山伍龙寺，建筑悬空而建，沿山势灵活布局，殿堂、屋脊彼此相连，阁檐相互交替，建筑就地取材，构成一组与山石浑然一体的石头建筑群，充分体现山地建筑文化的地方特色。还有普定县玉真山寺也属此类（图4-2-1）。

图4-2-1　天台山伍龙寺（来源：罗德启 摄）

又如明永乐十五年(1417年)修建的具有浓厚宗教文化氛围的镇远青龙洞建筑群，总体布局依山就势、依崖傍洞、贴壁临空、层次丰富，除与环境、地貌巧妙结合外，建筑群由儒、道、释共为一体，体现古城镇远宗教广泛融汇的社会文化特征（图4-2-2）。

织金财神庙，建筑围护结构逐层内收，屋顶富于变化，从侧面看，二、三、四层的山尖构成了3个重叠的三角形。有学者认为财神庙总体形象是蹲着的老虎，与彝族以虎为图腾有关，是具有黔北地区特色的佛教建筑(图4-2-3)。

贵州境内还有许多苗族的吊脚楼、布依族石头房、侗族鼓楼风雨桥、水族的水上屋、瑶族叉叉房、园仓、彝族土掌房、羌族的碉楼等丰富多彩的民族建筑。

历朝历代坚守偏远边关的驻地，促使各种文化在这片土地上互相碰撞、相互交融。元朝军队在贵州屯军，形成功能独立、空间围合、具有江南风格和军事特征的屯堡建筑；几次外来民族和人口的迁入，使湖广、川滇等外来文化和本土

图4-2-2　镇远青龙洞（来源：胡弘 摄）

文化交融，形成具有中原、巴蜀和贵州地域文化相互包容，又相对独立的地域特色建筑。

在技术经济背景下，贵州历史上也形成有许多不同材料、不同砌筑技术、不同风格特色的山地民居(图4-2-4～图4-2-7)。

以上实例说明：历史上的特色建筑，都是在贵州特定的自然环境、社会文化，以及材料、技术、经济背景下形成的。

二、弱势起步

中国近现代建筑史，曾经出现过一段"洋风"时期，这一时期的作品，是以模仿或照搬西洋建筑风格为特征的建筑思潮。其特点是中西混合建筑风格开始流行。随着西方对贵州进行传教，一些教堂、修院、学校等建筑与贵州地方元素融合，并且这一思潮，也同样反映到贵州建筑中来，使各种宗教文化建筑在贵州开始有了鲜活的生命力。

鸦片战争后，教会势力日益扩张，外国传教活动进入贵州，他们通过建教堂、修院、学校，传播西方建筑的影响，西方建筑理论与方法也随之传入。当时的贵阳北天主堂、贵阳天主堂修道院、鹿冲关天主堂修院、遵义天主堂经堂，以及湄潭天主堂等，都是这一时期的产物。这类建筑的平面布局形式和建筑结构模仿西方天主教堂特征，同时也吸纳中国传统建筑元素，建筑总体布局因地制宜，整体造型完整，风格庄重。

贵阳北天主堂，由上北堂和下北堂两部分组成，为中西合璧的砖木结构建筑。上北堂正面，有一典型的中国传统马头墙牌楼，中部墙面开设3个西方式的彩色玻璃圆窗。入口门头有哥特式尖券，条石门框上有横额，两侧刻有楹联。屋脊正中的十字架，突出教堂建筑的个性。教堂平面为典型的巴西利卡，空斗墙上有尖券窄窗，表现出哥特式教堂建筑的风格，但中式窗扇的做法又体现贵州的地方性特征。教堂后部是一座5层四重檐六角攒尖顶的传统楼阁式钟楼，钟楼尖顶建有十字架，看似又是一座具有浓郁地方色

图4-2-3 财神庙（来源：《贵州民居》）

图4-2-4 享誉中外的侗族鼓楼（来源：谭晓东 摄）

图4-2-5 特色的民居（来源：罗德启 摄）

图4-2-6 "印子房"民居（来源：《贵州民居》）

图4-2-7 奇特地貌造就建筑依山就势（来源：罗德启 摄）

彩的教堂建筑。

类似的建筑还有贵阳天主堂修道院、遵义天主堂、鹿冲关天主堂修院等建筑，立面造型的共同之处都是采用连续拱券符号、有韵律感的彩色玻璃拱窄窗、拱券式廊柱大门，以及嵌有碎瓷片装饰等元素。

这些实例可以看出这一时期的贵州建筑，尽管是一些属于"文化移植"的洋风产物，但其仍然吸纳有中国传统建筑文化的元素，它体现弱势中的近代贵州，传统建筑传承已经开始起步(图4-2-8～图4-2-14)。

三、自发延续

20世纪30年代，"西学为用、中学为体"的洋务运动，为引进西方近代科技奠定基础，贵州也自发地吸取西方建筑成就。一些具有现代风格思潮特征的建筑，被各有产阶层，或失意下野的政客，修建入宅闲居而出现。

这一时期，贵州出现的在西方建筑思潮影响下的中西合璧建筑，它反映了近代贵州，既吸收有西方科技推动技术进步的一面，也不难看出在三座大山沉重压力下，贵州建筑发展缓慢原因和贫富建筑标准悬殊的落后状况。

图4-2-8 贵阳北天主教堂(上北堂)礼拜堂正入口（来源：黄浩 摄）

图4-2-9 北天主教上北堂后厅（来源：罗德启 摄）

图4-2-10 教堂正面局部（来源：遵义规划局 提供）

图4-2-11 鹿冲关天主教堂（来源：《夜郎故地遗珍》）

图4-2-12 遵义天主教堂侧面（来源：遵义规划局 提供）

图4-2-13 贵阳天主教修院主楼（来源：《夜郎故地遗珍》）

图4-2-14 贵阳天主教修院侧面（来源：《夜郎故地遗珍》）

首先是一批贵州军政要人，照搬西方别墅、府邸建筑风格，并按自己意愿修建私邸。这类建筑著名的有王伯群故居，以及周西成、毛光翔、牟廷芳、王家烈、遵义柏辉章等人的宅邸。其建筑造型都为歇山顶带老虎窗、连续拱券的砖柱回廊、墙面开有彩色玻璃窗或拱券式长条窗。室内以石膏花鸟图案塑平顶线脚和吊灯衬饰，建筑外形既富有罗马建筑风格，又融汇中国传统民居的特色，当属中西结合的建筑类型。

时任交通大学、大厦大学校长的王伯群故居，主楼为券廊式两层建筑，西南角有一幢3层圆穹顶古堡式塔楼。正房为矩形平面，四周拱券式回廊环绕，科林思柱头，方形石柱础，柱廊四周有木栏围护。四坡歇山式青瓦屋顶开有老虎窗、两侧山墙壁炉烟囱伸出屋顶。王伯群故居外形及装饰，带有浓郁的古罗马建筑风格，又具有中国民居的格调，立面造型丰富，装饰做工精巧，是民国初年贵州时髦的西式古典建筑之一。

此外，还有1932年，黔军第二十五军二师师长柏辉章建于遵义老城子尹路的公馆、时任贵州省主席王家烈私邸"虎峰别墅"，以及毛光翔公馆等宅邸，均为砖木结构，矩形平面，上下两层均有外廊环绕，民间号称"走马转角楼"。建筑造型都为歇山式青瓦屋面、深屋檐、白灰屋脊，圆拱门窗镶有彩色玻璃；檐柱上承哥特式双心圆弧连续拱券，科林思柱式，柱间为车花木栏杆。20世纪30年代最讲究的别墅式建筑，该是牟延芳故居和位于贵阳黔灵公园内的蒋介石下榻处，这些都属中西合璧建筑风格。

这一时期，贵州出现的在西方建筑思潮影响下的中西合璧建筑，它反映了近代贵州，既吸收有西方科技推动技术进步的一面，也不难看出在三座大山沉重压力下，贵州建筑发展缓慢原因和贫富建筑标准悬殊的落后状况(图4-2-15～图4-2-22)。

自民国年间，贵州模仿国外建筑设计逐渐增多，从20世纪20年代开始，贵阳中华路、中山路，以及遵义、安顺等地沿街两侧始建了一批临街面柱廊式骑楼，形成一条有楼盖的人行道，骑楼底层为铺面，楼上及内院为住宅，为"前铺后居、下铺上居"的南方传统商业店铺形式（图4-2-23）。

20世纪40年代，在现代主义建筑风格影响下，出现有建筑与自然环境交融表达意境与情趣的贵阳花溪西舍，有当时的时髦金融建筑贵州省银行办公楼等。贵州省银行楼的正立面四根竖向立柱凸出墙面，使主体显得高耸雄伟(图4-2-24、图4-2-25)。

抗日战争时期，贵州地处后方，随东部沿海营造业的内迁，促进贵州建筑有一定发展，设计水平也有明显变化。1940～1949年间，当时兴建了一批具有崭新功能的公共建筑。如金沙普惠学校、贵阳醒狮路科学文化建筑群、福泉沙坪火车站等(图4-2-26、图4-2-27)。

科学文化建筑群采用庭院式布局，主体建筑平面呈横列工字形，立面中轴部位高度突出屋面，两翼向前伸展，采用横向五段式对称构图。立面造型具有现代建筑韵味。

随抗战局势变化，国民政府实行西南战略，决定修筑黔桂铁路。贵州福泉沙坪火车站，是以石材为主的三层坡顶建筑，对称的立面造型，凸出外墙的石阶梯、拱券门，方整石以及外凸的转角剁石柱，竖向长条或半圆拱窗、建筑以石砌立柱为建筑元素，整体协调，立体感强，整栋建筑颇具西方建筑格调，又有地域文化内涵。

又如云盘袁氏建筑群，建筑形式为欧式风格，但总体布局结合地形因地制宜，正门木雕装饰又取材于中国的"梅兰

图4-2-15 虎峰别墅外廊（来源：罗德启 摄）

图4-2-16 柏辉章官邸遵义会址（来源：遵义规划局 提供）

图4-2-17 毛光翔公馆（来源：《夜郎故地遗珍》）

图4-2-18 虎峰别墅（来源：罗德启 摄）

图4-2-19 贵阳黔灵山蒋介石下榻处（来源：黄浩 摄）

图4-2-20 桐梓周西成故居（来源：《夜郎故地遗珍》）

图4-2-21 王伯群故居（来源：罗德启 摄）

图4-2-22 牟廷芳故居（来源：黄浩 摄）

图4-2-23 贵阳中山路临街骑楼（来源：《规划历程》）

图4-2-24 花溪西社（来源：吴茜婷 摄）

图4-2-25 贵州银行大楼（来源：黄浩 摄）

图4-2-26 普惠学校入口（来源：《夜郎故地遗珍》）

图4-2-27 沙坪火车站（来源：《夜郎故地遗珍》）

图4-2-28 云盘书院（来源：《夜郎故地遗珍》）

图4-2-29 西式拱券组图（来源：罗德启 制作）

竹菊"、"福禄寿禧"、"五子拜寿"等传统题材内容，可以看出，中西合璧的建筑文化特征在贵州近代建筑中已经发挥得较为成熟（图4-2-28）。

综观1950年前处于弱势起步、自发延续时期的贵州建筑风格具有如下特点：

1. 明清风格大量存在；
2. 中西混合的建筑风格开始流行，这一时期是以模仿西洋为主，但建筑因地制宜，吸纳有中国传统建筑文化元素的特征；
3. 近邻省区的近代建筑风格进入。

（图4-2-29、图4-2-30）

总体上看，在接受西方现代建筑和外省技艺的同时，仍然因地制宜、就地取材及传承传统建筑文化的地方特征，但由于受外来文化的影响和受限于经济能力而未能有大的作为。

图4-2-30 柱廊组图（来源：罗德启 制作）

四、民族形式的主观追求

贵州解放，标志着各类建筑蓬勃发展新时代的到来。新中国成立后，贵州各地陆续建成了工业、交通、邮电、商业、文化、卫生、体育、行政办公、金融、科研等公共建筑。从国民经济三年恢复到第十个五年计划，尤其是改革开放以后，省内各地城乡面貌显著改变。

新中国成立初期，贵州的建筑在民族复兴等社会思潮影响下，大量模仿苏式建筑、新古典主义建筑风格，强调建筑的几何构图美学特征。

20世纪50年代的许多学校及文化建筑，多数仿效"苏式"建筑风格。如贵阳师范学院、贵州大学礼堂、遵义红花岗剧院等，立面造型均采用西方柱式，主入口上砌女儿墙，简洁庄重，明显受苏式风格影响。又如贵阳汽车站、贵阳货运站，贵州日报社、人民出版社办公楼等，在借鉴传统建筑方面作了新的尝试，是探索民族建筑形式的作品：立面为三段式基本特征，屋顶琉璃瓦铺装，檐口作相应装饰，且装饰构件有明显的地域特点，建筑造型活泼，表达有"民族自豪感"的意韵。

1954年，全国开展批判建筑设计中的"形式主义"、"复古主义"，贯彻"适用、经济，在可能条件下注意美观"的方针，贵州建筑设计人员的创作思想和方法也有所变化。

此间设计建成的省博物馆、贵阳邮电大楼、磊庄机场候机楼、贵阳金桥饭店、花溪宾馆、西舍以及铜仁锦江宾馆等建筑，在平面布局、功能配置、立面造型、建筑经济等方面都有新的发展。其中贵阳邮电大楼是当时具有代表性的高层建筑，是贵州现代初期的建筑作品。

20世纪50年代贵州建筑设计表现有两方面特点：一是学习苏联经验，建造了一些仿苏建筑，如原贵阳市政府办公楼、次南门原手工业管理局办公楼等；二是探索中国建筑的民族形式和风格，如贵阳汽车站、原贵州日报社、人民出版社办公楼等，是在新的功能、技术和建材的建设条件下，探索民族形式的创作作品。它对研究、继承和借鉴中国民族传统文化作出了有益的尝试（图4-2-31~图4-2-40）。

图4-2-31 印江洋溪镇人民公社（来源：《夜郎故地遗珍》）

图4-2-32 省博物馆（来源：《贵州志省建筑志》）

图4-2-33 贵阳师院旧址（正面）（来源：《夜郎故地遗珍》）

图4-2-34 贵阳汽车站（来源：贵阳市建委 提供）

图4-2-35 苏式元素组图（来源：罗德启 制作）

图4-2-36 红花岗剧院正面（来源：《夜郎故地遗珍》）

图4-2-37 贵阳邮电大楼（来源：黄远达 摄）

图4-2-38 磊庄机场候机楼（来源：张林林 摄）

图4-2-39 贵阳金桥饭店（来源：黄远达 摄）

图4-2-40 铜仁锦江宾馆（来源：滕树臣 摄）

五、政治性、地域性、现代性

1960～1970年间，因经济困难，设计任务锐减，"干打垒"工程遍及全省。同时出现片面追求节约，忽视使用功能，不顾标准质量，不再讲求美观等现象。然而贵州又是"三线建设"的重点省区之一，由上海内迁的一批仪器仪表工业企业，设计建造了一批造型简洁、色调明快、韵律感强、有现代气息的多层办公楼，表露出建筑创作的转机。然而1966年开始的"文化大革命"使设计人员的思想又受到束缚。

不同时期的建筑，具有鲜明的历史痕迹和时代烙印。此间修建的毛泽东塑像和"毛泽东思想万岁展览馆"以及一些城市雕塑是特定历史时期的作品。虽宏伟壮观，但显现有明显的"文化革命"痕迹，属于政治象征性时期的作品。"红展馆"是"文革"时期典型的政治建筑，专为展出毛主席的丰功伟绩而建造，设计借助向日葵、镰刀斧头、红五星等符号表达政治含义，立面14根现浇水磨石列柱造型庄严雄伟，风格壮丽典雅，富有民族特色，是一个时代的记忆。但列柱造型使人联想到北京人民大会堂的形象(图4-2-41～图4-2-47)。

图4-2-41 贵州大学理工学院塑像（来源：《夜郎故地遗珍》）

图4-2-42 茅台市城雕（来源：遵义规划局 提供）

图4-2-43 城市雕塑（来源：遵义规划局 提供）

图4-2-44 人民广场毛主席塑像（来源：《夜郎故地遗珍》）

图4-2-45 贵州师大塑像（来源：《夜郎故地遗珍》）

图4-2-46 遵义烈士陵园（来源：遵义规划局提供）

图4-2-47 红展馆（来源：张林林 摄）

六、徘徊与重塑

20世纪80年代～21世纪初，正是我国经济调整后实行改革开放的时期，中国建筑师也迎来了前所未有的历史机遇。贵州城市与建筑有了较快的发展。这一时期，历史的、传统的、乡土的、少数民族文化特色的建筑都逐步显现出来。东西方多元文化的交融与碰撞，使具有现代功能、形式、技术的建筑类型开始绚丽多姿，改革开放打开了贵州建筑界的门窗。贵州建筑界也和全国一样，在地域文化的探索和发掘方面取得了一定的成果。建设项目增多，同时建筑创作也步入徘徊与重塑阶段。

一方面新建扩建了一批市政建筑与工业项目，如20世纪70、80年代的贵阳延安东路、瑞金北路等，以及酿酒、卷烟、纺织、化工、钢铁等工业厂房，促进了建筑技术的提高（图4-2-48～图4-2-55）。

图4-2-48 贵阳瑞金北路（来源：傅忠庆 摄）

图4-2-49 茅台酒厂制酒车间（来源：中建四局科技处 提供）

图4-2-50　遵义卷烟厂（来源：省烟草公司提供）

图4-2-51　水城钢铁焦化厂回收车间（来源：水城钢铁厂提供）

图4-2-52　贵州钢绳厂（来源：贵州钢绳厂提供）

图4-2-53　贵阳纺纱厂（来源：省建二公司提供）

图4-2-54　贵阳邮政枢纽（来源：省邮电局提供）

图4-2-55　黔南州邮电大楼（来源：省邮电局提供）

另一方面，经济落后又往往导致文化的自卑，使得西方文化涌入中国，城市建设大刮洋风，文化上的自我矮化成为国人的一种思维定式。

各项建设开始复苏，新建筑也伴随出现。一个时期出现的古典复兴，可以理解是对建筑形式"千篇一律"的反弹，其建筑设计手法基本上是模仿传统楼阁式造型，采用飞檐翘角以及其他古典建筑构件元素装饰。如贵州茅台酒文化博物馆、凯里金泉湖公园17层高32米的八角攒尖顶侗族鼓楼等。

20世纪90年代的建筑文化热兴起，建筑师的主动性、积极性也随之被调动，"千篇一律"的状况被打破，追求建筑的丰富性，探索建筑文化的表达途径，出现探索传统与现代建筑并存，使建筑地方特色和民族风格展现新的光彩，贵州建筑形式由简洁单向转向多元化追求，建筑的色彩、线条、质感更现丰富，建筑创作显现出多元和百花齐放的新局面。

遵义图书馆设计，体现地方文脉探索开始起步，以后陆续出现的省老干部活动中心、织金洞接待厅、黔南州民族展览馆、花溪汽车站、董家堰鱼餐馆、百花山庄、中天花园住宅小区、省电视卫星上行站、贵阳妇幼保健院、北京路影剧院、北京人大会堂贵州厅室内设计等都体现贵州建筑创作对地域传统文脉和环境意识的觉醒，表现贵州建筑师对地域特色和时代精神方面的探索，注意到建筑创新在精神层面上的追求。由此，贵州对地域建筑的探索，开始从模仿逐渐发展到把握总体环境，融汇现代气息。

其特点是：

1.适应南方气候特点的开敞式自由布局，注重追求简洁，摒弃繁琐；

2.运用地方民居传统语汇，具有鲜明的地域特色；

3.注重建筑与环境的结合，相互渗透融为一体；

4.注意利用地形地貌，体现山地建筑风貌。

（图4-2-56～图4-2-62）

时代精神、地域特色、新建筑技术、玻璃幕墙也逐渐在公共建筑中出现。高层，大跨度建筑的发展，使城市空间轮廓有新的变化，酒店建筑，是贵州民用建筑最先引进的建筑类型，同时，设计界对地方文脉探索也开始起步。

图4-2-56 遵义图书馆（来源：张林林 摄）

图4-2-57 董家堰渔餐馆（来源：罗松华 摄）

图4-2-58 省老干部活动中心之一（来源：张林林 摄）

图4-2-59 省广电上星站（来源：张林林 摄）

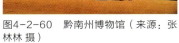
图4-2-60 黔南州博物馆（来源：张林林 摄）

图4-2-61 北京路影剧院（来源：省文化厅 提供）

图4-2-62 贵阳妇幼保健院（来源：张林林 摄）

20世纪90年代的城市建设高潮，出现了现代建筑多元化趋势，高层建筑开始出现。贵州饭店是贵州酒店建筑最先起步引进境外设计的民用建筑类型，也是西南地区建造最早的一幢百米以上的高楼，总高106.4米，建筑呈圆弧形平面，造型柔和而富于变化，白色外墙并与顶部两层玻璃幕墙形成虚实对比。由于建筑场区地质复杂，设计解决了沉降差和偏斜问题，因此而荣获勘察设计国家金奖。

从此超高层、大跨度、玻璃幕墙建筑技术有了较快发展，并在贵州公共建筑开始运用，后来的西南经济协作大厦、贵阳百货大楼、通达饭店、金筑酒店、海关大楼，以及

图4-2-63 贵州饭店（来源：张林林 摄）

图4-2-64 西南经协大厦（来源：张林林 摄）

图4-2-65 贵阳百货大楼（来源：省建筑设计院 提供）

图4-2-66 贵阳工商银行大厦（来源：省建筑设计院 提供）

图4-2-67 金筑大酒店（来源：贵阳市建筑设计院 提供）

图4-2-68 贵阳民族贸易大厦（来源：省建一公司 提供）

图4-2-69 省体育馆（来源：省建筑设计院 提供）

图4-2-70 毕节学院体育馆（来源：省建筑设计院 提供）

图4-2-71 贵阳龙洞堡机场候机楼局部（一期）（来源：张林林 摄）

体现大跨度建筑技术的贵州体育馆建成后，各地州市及大专院校也相继建成多座体育场馆，这些都给贵州城市空间轮廓增添了新变化(图4-2-63～图4-2-71)。

在现代社会经济发展过程中，空港建筑快捷、连续、流畅的个性及其体量造型和外部空间的处理都能体现大跨度建筑的技术含量和形象。

贵阳龙洞堡机场位于海拔1130米的山地地貌上，场区削平大小山头11座，填平谷地5处，填挖土石方工程量达4000万立方米，是我国机场建筑史上罕见的山地空港实例。

机场航站楼(一期)工程也是我国建设投资相对较少的山地民用机场，短指廊二层式平面空间布局，功能分区合理，流线短捷，体现了空港效率第一的原则。候机厅内部以民族风情图案和特色题材壁画，以及彩绘玻璃装饰，体现地方文脉和民族特色。扩建后的二期航站楼，造型新颖，与一期航站楼形成一个功能完整，空中、地上、地下一体化，新老合一的智能空港综合体。在遵循现代建筑原则基础上，既突破固定模式，又有所创新，表现了建筑师对时代精神和地域特色方面的探索。也体现出在现代发展过程中，空港建筑快速、连续、流通的个性及体量造型外部空间处理所体现的现代建筑的技术形象。

七、繁荣与创作

21世纪，在高层建筑大量出现的同时，建筑设计向多元化方向发展。此间地域性概念成为贵州建筑师关注的重要课题；开始由过去的模仿个别要素，发展到把握总体环境，并融入现代气息。

21世纪，贵州年轻的建筑师群体正在不断努力地寻求探索传统和现代思维、传统审美和现代审美的结合方法；探索地域建筑与时代发展的结合点；尝试把地域传统文化融合到现代建筑文化中的设计途径。

21世纪，贵州建筑师将更加注重建筑与环境的协调和融合，秉承历史文化使命，以富有中国特质的建筑文化思想，因地制宜，以探索创新的精神，创作出一个个具有贵州建筑特色的作品。

在中国经济与国际经济接轨，国际主义风格、后现代、高技派、解构主义等建筑思潮同时在中国出现的时候，贵州建筑师能够着眼当代、根系本土，在传承中创新；能够将充满乡土的、少数民族历史文化的西部特色的建筑凸显出来。

以下一组作品，可以体现新时期贵州建筑师，在建筑创作道路上，体现了不同思想表述、不同个人信念，以及创作行为上的自由，彼此共容、共存的多元、多样趋势，和积极开展多元文化探索的可喜局面(图4-2-72～图4-2-83)。

八、贵州当代建筑创作概况

当代建筑的时限概念还存在不确定性，我们将贵州的当代建筑界定为从1978年12月中国共产党第十一届三中全

图4-2-72 高层——喜来登酒店（来源：贵阳市规划局 提供）

图4-2-73 高层——凯悦酒店（来源：贵阳市观山湖区规划局 提供）

图4-2-74 会展中心（来源：贵阳市观山湖区规划局 提供）

图4-2-75 贵阳机场T2（来源：董明 提供）

图4-2-76 大跨——贵阳奥体中心（来源：贵阳市观山湖区规划局 提供）

图4-2-77 时代性——青少年科技馆（来源：贵州省建筑设计院 提供）

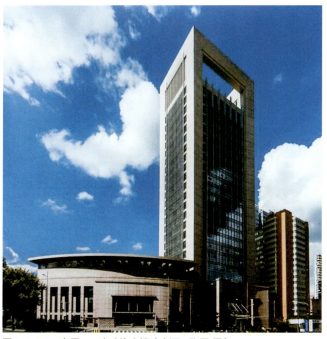

图4-2-78 高层——省政协大楼（来源：张晋 摄）

图4-2-80 民族性——省图书馆（来源：赵晦鸣 摄）

图4-2-79 地域特色——花溪迎宾馆（来源：傅忠庆 摄）

图4-2-81 地域特色——丹霞世界遗产中心（来源：魏浩波 摄）

图4-2-82 孔学堂文化空间（来源：刘兆丰 摄）

图4-2-83 时代性——多彩贵州城香樟园（来源：金礼 摄）

会以后，我国进入建设社会主义现代化国家的新时期作为起点，也即为改革开放（20世纪80年代初）至当今贵州省范围内建成的建筑，尤其以21世纪以来的建筑为主要分析重点，讨论传统建筑特性在当代的建筑表达。

改革开放以后，特别是近20年来，随着新的历史条件和社会经济的飞速发展，也使贵州当代建筑大量涌现出来，在工业交通、文化教育、城市建设以及居住建筑等多方面都建设有大量的当代建筑，它们在传承历史传统文化和塑造地域建筑个性特色的同时，也满足新时代条件下的使用功能和空间要求，运用新的建筑材料、结构技术和施工工艺，使建筑形式呈现出丰富多样的态势，展现出崭新的建筑风貌。由于我国正处于城镇化快速发展的时期，在城镇化的过程中，尽管成绩出色，但也出现一些问题，诸如地域文化特色的渐退、民族地域文化的趋同、忽视自身自然环境、历史文化特点，导致建筑形式单调、整体无序等呈现千城一面的景象，这不能不引起人们关注。与此同时，从另一方面也唤起人们对地域文化复萌的热情，期盼地域建筑文化理性回归。

这些年来，贵州在当代建筑创作中，对传统文化的传承和发展基本上呈多元化特征，在理论和实践中，努力寻求传统文化与时代发展的结合点。从这一时期的作品，可以看出地域建筑创作正以一种开放的视野在寻找发展的参照系，一些原本对立的因素在作品和构思中能够和谐共融。这种有意识的创作活动体现出一种地区精神。

总之，纵观贵州当代建筑创作的进程和作品，可以看出贵州建筑师在当代建筑语境与传统内涵、全球性与区域性、共性与个性之间是选择了整合。

自20世纪80年代以来，在理论研究领域，围绕"传统民居的保护、传承与发展"这一永恒的主题探索研究取得了不少成果，先后在《建筑学报》、《时代建筑》、《南方建筑》、《新建筑》等及日本的《住宅建筑》和《中德建筑研讨会论文集》等国内外学刊,发表专题论文百余篇。此间，出版有《贵州民居》、《千年家园》、《石头与人》、《贵州侗族干阑建筑》、《新型住宅设计》、《老房子》、《花溪迎宾馆》、《21世纪贵州城市与建筑》等著作，还参与《中国民居建筑艺术全集（第四卷）》、《中国民族建筑》、《中国传统民居》、《20世纪中国建筑》、《中国传统民居建筑》、《建筑百家谈古论今》、《中国建筑评析与展望》等书籍的编写撰稿工作。这些成果为当代我省地域建筑创作奠定了良好的理论基础。

民居理论研究，促进了"地域建筑"创作。理论研究目的是为了应用，民居研究实践也一样，它在城镇，为创造现代化的、有民族特色和地方特色的新建筑服务；在农村，为建设社会主义新农村服务。

实践表明，地域建筑的本质特性就是"因地制宜、因题而异"两方面内容。"因地制宜"是考虑建筑外部条件和各种背景关联的情况，并找出解决途径；"因题而异"是从建筑内涵上作深层次发掘，把握项目性质和定位，让建筑作品既体现传统文化的历史延续，又阐发出地域精神的崭新特征。因此，我们可以通过后续介绍的部分建筑，看出我省地域传统建筑文化的传承和发展轨迹。"省老干部活动中心"采取山地庭院式布局，重复运用方锥体幕结构坡屋顶元素，颇有诗情画意和地方气息；"遵义图书馆"吸收民居特色，采用悬山式小坡屋顶，正侧交错，高低错落有致；"织金洞接待厅"以"石魂"为主题，依山就势、保留一组巨石，屋顶覆土植草，材料取自当地山石，彝文雕刻着墨不多，但足以体现建筑与自然共生和地域文化的韵味；"黔南民族师范学院"对贵州干阑建筑元素的重复运用；"荔波及铜仁支线机场航站楼"和"荔波客车站"均取材于瑶族民居的"二滴水"重檐和"叉叉房"原形，让人感到是对民族和地方文脉的历史延续，"北京人大会堂贵州厅室内设计"立意为"迷人的山国"，以"山国"作为构思基础，寓意有山地特色的贵州省情；"贵州民族化宫"的三叉体立面构成"山"字，寓意有侗族鼓楼曲线的神韵；"贵州省图书馆"立面的巨幅少数民族文化的浮雕和呈书本形态的书库，隐含有厚重的文化精神；"黔东南凯里体育场"设计有侗族风雨桥特征的回廊，极富民族地域特色；"黄果树演艺中心"材料及形体是屯堡文化的现代诠释；"花溪迎宾馆"设计因山就势、尊重环境，造型体现民居神韵，但采用现代建筑语汇表达等等。这些有特色的现代建筑作品，都融汇有起伏多变的地域文化，融汇有内涵丰富的民族文化，融汇有独具特色的贵州民居建筑元素。

九、过去30余年的建筑创作特点

(一) 当代建筑与地域建筑创作并行

随着全球经济一体化进程的加速，建筑文化交流的加强，虽然建筑风格的趋同性增多，但这并不意味建筑的民族性和地域性特征丧失。相反，多元文化并存的今天，地域特色更有强化的趋势。贵州建筑创作在现代大潮中，并未丢失贵州的民族传统和地域文化特征，而是地域传统建筑与当代建筑并存。

(二) 当代建筑理念与本土资源融合

可以看出，贵州30多年来地域建筑创作的过程，也是设计理念和地域传统意识伴随时代发展演进的过程。特别是近年获奖作品，更显示出设计者的心路历程。这些作品在关注当代潮流发展、注重现代语境构成的同时，并未忽略对传统文化的借鉴和传承，从这些作品透射出的是站在当代立场审视传统，是用当代建筑语汇传承地域传统特色。

(三) 共性原则与个性品格兼容

如果说上述两点是贵州地域建筑创作的共同理念，那么构建个性独特的建筑品格便是建筑师们努力下功夫之处。所谓的现代性、文化性最终都是通过设计者个人作品的品格体现出来的。这些作品，在遵循建筑设计共性原则的同时，体现有个性化特征，也是近年贵州地域传统建筑创作的又一特点。

《北京宪章》提出"现代建筑的地区化、乡土建筑的现代化，殊途同归，共同推动世界和地区的进步与丰富多彩"。演进中的贵州地域传统建筑创作，在探索传统文化尊天地、重人本、讲亲和的唯物辩证思想；探索传统建筑思维与现代建筑思维，探索传统技术与现代技术、传统审美与现代审美意识的结合过程中，力图有更多的优秀作品涌现出来。

第五章　对地理气候条件的主动适应
—— 营造山地建筑特色

贵州地区当代建筑的发展过程中，体现更多的是建筑与自然环境的融合、建筑对地方材料资源的利用、传统建筑文化的继承和发展、新材料和绿色生态技术的运用等。正是这些多维度的关注和传承运用，才使得贵州地区的当代建筑得以迅猛的发展。

每个地区的文化都有深厚的渊源。我国西南贵州是一个地理环境多样，民族构成复杂，历史发展特殊，文化构成多元的地区，它有着丰富的文化资源，而且呈现有多样性、异质性、复杂性的鲜明特征。不同的生态环境、多元的文化资源、多样族群的生活习俗，以及与东部相异的价值观等自然、人文资源都成为贵州地域传统建筑创作的源泉、异彩映衬的底景和生长的根基。实践证明：不同的地域，因为环境差异及程度不同，会产生不同的建筑方言，这也是地域传统文化最鲜明的特征。

气候条件和地理环境对建筑有较大的影响，文化是地理环境与人文因素的复合体。贵州受地理位置、气候条件以及历史人文因素的影响，形成了许多具有地域特点和民族特征的建筑文化类型，也塑造出独具特色的贵州建筑。

建筑体现文化、衬托文化、映射文化。在贵州当代建筑创作中，运用地形地貌、民族传统建筑文化元素等手法，在群体空间布局、单体建筑设计、细部节点大样、公共环境艺术等方面，将传统民居中的传统建筑文化元素，融汇于当代建筑创作中，给设计作品增添了历史文化内涵和地域文化魅力，成为传承传统建筑文化的重要载体。

吴良镛先生在《广义建筑学》的"地区论"中说："地区的划分有地理因素的影响，也有历史因素、文化因素的影响。聚居在一个地区的人们不断认识本地自然条件，钻研建筑技术对不同生活需要的满足，包括习俗等……也自然形成了地区的建筑文化与特有的风格……""地区性主要是地理、经济发展和社会文化上的概念……"这说明地域建筑传统文化的内涵：首先是地理因素，如地形地貌、气候、水土等自然环境；其次是历史、文化、经济因素，即社会环境。因此，贵州建筑文化在履行大范围的交流使命之外，有必要保存一种小范围的异态风味，延续传承千百年来沉淀着的传统文化和文明的结晶。

特色是物质要素与非物质要素互相融合的综合体，成为在视觉上可以感知的外在形象。一个地区长久形成的文化，也是物质要素和非物质要素碰撞的结果，特色来源于自然生态资源、民族文化资源、民居文化资源。如何在建筑中反映当地的历史、社会等人文特点，又如何充分利用和体现当地的技术条件与优势形成有地域特色的建筑作品，是"地域观"的实质和目的。

贵州当代地域建筑创作探索发展演进过程大致可分为两大类，一是利用地理气候条件营造山地建筑特色；二是运用多元社会人文文化元素(包括历史文化、民族文化、宗教文化、重要历史事件等)的不同设计手法和途径传承历史传统文脉和体现地区特色。

第一节 对温润气候的回应——营造通透建筑空间

建筑形式的产生与当地的气候有密切的联系，自然环境和条件不仅为建筑的实现提供着有利或不利的条件和限制，也促成了建筑特性的产生，设计如果能主动地适应环境、塑造环境，建筑可以为环境带来全新的改变，与环境达到共生共享，这也是建筑形式区别于其他地域的重要原因。《礼记》记载有"昔者先王未有宫室，冬则居营窟，夏则居橧巢"。这说明我们的祖先，能够根据严寒酷暑或风雨雷电的自然气候条件，解决人与自然的矛盾，创造了穴居与巢屋两种最简单的居住形式，以应对自然气候变化对人类造成的侵袭。

贵州地形复杂，各地气候差异极大。传统建筑为适应地形、气候条件而呈现出明显的区域性差异。不同的气候条件，会给建筑带来不同影响，作为生产和生活居住空间的建筑形式，也是不断适应自然气候与地形的结果，在可持续发展生态观的前提下，回应自然条件的建筑创作自然就是地域性建筑生成的共性基础。

一、形态自由的总平面布局

基于传统文化中的人文思想、美学原则和建筑形态，崇尚天人合一的精神，注意环境与建筑交融，崇尚自然美和人性文化所演绎的物性共鸣的园林景观构成原则，贵州地区的当代建筑依然延续着"天人合一"的自然观，结合地方气候、地形地貌等自然环境因素进行建筑创作，呈现与自然环境融合，相映成趣。这种契合和呼应，是善于利用自然环境，从中寻找和发现自然与建筑和谐的法则。比如我国北方，采取封闭紧凑的空间形态及争取阳光日照来达到防寒保温；在南方，则采取通透、遮阳求荫、利用架空、引风入室等方式确保通风换气和遮阳避暑。因此，以人为本，与自然和谐共生的建筑理念，建筑适应气候、顺应地形和山水格局等环境要素，因地制宜、寄情自然，是

与我国传统的"天人合一"自然观相一致的。

贵州复杂的山丘地形以及温润的气候条件，建筑朝向已经不是设计的主要矛盾，因此贵州建筑群体布局，顺应等高

图5-1-1 总图顺势布局（来源：张学源 提供）

图5-1-2 黔灵半山顺山势布局（来源：罗德启 摄）

线走向的布置方式居多，从而建筑群总平面布置由此生成自由式布局的形态特征，使建筑单体设计及群体布局与地形地貌环境的关系更为密切，造就了贵州依山就势、高低错落的山地建筑形态和群体空间特色。图5-1-1、图5-1-2是航拍的几个居住小区，群体格局体现了建筑与山丘地形的关系，明显看出建筑顺应等高线自由式布局的群体特点，可以说是建筑与环境的相互适应。

二、开敞通透的建筑空间设计

冬无严寒、夏无酷暑、年温差小、气候温润的贵州，从总体上为开敞式建筑空间提供了有利条件。

（一）架空

首层采用支柱架空的方式，不仅可以提供风雨无阻的休憩活动场所，而且对改善建筑群的自然通风特别有效，架空底层与庭院合理结合，又可以取得自得其乐的一方小天地。例如贵阳某居住小区住宅底层架空用作为公共活动场所，利用温润的气候条件,适宜植被生长的水土，布置室外庭院，建筑与环境相得益彰、厚重敦实，外部空间从城市整体出发，而内部空间则竭力打造气候宜人的公共交往空间，内外空间互相交融，拓展了环境视野，提高了生活品质。

建筑底层架空，给环境带来了良好的优化，连通了建筑群各院落之间的视线通廊和交通流线，这也和中国传统建筑天井空间一脉相承。

图5-1-3 贵州师范大学支座架空（来源：贵州省建筑设计院 提供）

贵州大学、贵州师范大学、贵阳学院、黔南民族师范学院等教育建筑，也有利用支座架空的形式作为自行车存放，或作为学生课间交流空间使用（图5-1-3~图5-1-6）。

坐落于贵阳市龙洞堡新城的贵阳学院，校园总体布局以图书馆、综合教学楼及中心广场为核心，西侧公共教学区的教学楼单体建筑，设计注重利用地理气候条件，为争取自然通风，设计采取开敞、通透的建筑布局方式，尊重原有地形、节约用地的同时，充分利用地形高差，设置掉层、架空层等争取使用空间：图书馆利用架空层设置报告厅、体育馆利用高差设置训练馆、实验实训楼利用高差设置实训车间，充分体现建筑设计对自然环境的尊重和对建筑空间的充分利用。

贵阳学院校园建筑布局疏密有致，重点保留了基地原有树木，规划利用温和湿润的气候条件充分绿化，使校园形

图5-1-4 贵大架空（来源：吴茜婷 摄）

图5-1-5 贵阳学院图书馆（来源：贵州省建筑设计院 提供）

图5-1-6 贵阳学院（来源：贵州省建筑设计院 提供）

成入口景观区、水体绿化区、中心广场区及大草坪等几个有特色的绿化景观，其他建筑也结合地形、尊重自然，做到绿化丰富、规整美观，带来良好的环境优化效果。校区建筑造型规整严谨，建筑立面整体呈现出明显的水平向肌理；立面通透、均衡对称、朴素大方，采用架空构架，强调与场地内部原生自然环境的对话，大面积玻璃窗与墙面形成虚实对比效果。针对贵州阴天较多的天气状况，建筑色彩以浅暖褐色调系列作为校园主基调，并与白色组合，体现明亮、柔和及生机，彰显强烈的时代感和浓郁的文化氛围(图5-1-7、图5-1-8)。

(二) 开敞

就地取材，最低程度破坏原始基地环境等措施，都是符合地域性建筑设计基本原则的。利用气候条件，建筑采取开敞式空间布局可以带来另一番风趣。六枝旅游接待中心开敞式布置的接待大厅，游客停留休息的同时，可以在此等候编组、休息饮水、观赏风景等，提高了建筑的利用率(图5-1-9)。

黔南民族师院教学楼敞廊有利于自然通风和课间学生休息交流，是对自然条件的主动适应与协调(图5-1-10)。

(三) 骑楼

利用气候条件，街道建筑底层架空或局部形成骑楼，可以取得通风与阴影区结合的空间效果，阴凉的人行空间，具有南方建筑特色。图5-1-11是贵阳花溪某商住楼远眺。

(四) 阳台

开敞式阳台是南方适应气候的普遍做法。为了扩大阳台的使用面积和净空高度，贵阳某居住小区，将同一幢住宅楼竖向并列的双阳台，采取上下交错布置的方式，使每间阳台既提高了净空，又扩大了阳台的外挑进深，解决了增加阳台外挑面积又不遮挡户内采光的问题，同时立面造型更富有动态跳跃的变化韵律（图5-1-12~图5-1-14）。贵阳凯悦大酒店的空中花园露台，也颇有适应地区气候的建筑特色（图5-1-15）。

图5-1-7 实验实训楼（来源：贵州省建筑设计院 提供）

图5-1-8 西北侧水体景观区（来源：贵州省建筑设计院 提供）

图5-1-9 六枝旅游中心（来源：六枝规划局 提供）

图5-1-10 黔南师院敞廊（来源：赵晦鸣 摄）

图5-1-11 骑楼（来源：花溪区规划局 提供）

图5-1-12 双层阳台（来源：张学源 提供）

图5-1-13 错层阳台a（来源：张学源 提供）

图5-1-14 错层阳台b（来源：省建筑设计院 提供）

图5-1-15 凯悦空中花园（来源：观山湖区规划局 提供）

三、传统天井空间的运用

传统民居的户外空间有天井、庭院、院落等。前庭、后院、内天井是传统民居的典型格局，在不同地域的庭院空间、尺度、造型各具特色。天井平面形式的住宅，采取联排式布置可节约用地，利用天井通风采光，也适应贵州地方气候特点。在住宅建筑单体内穿插传统的天井元素，让住户能够接触到更多室外空间，营造健康舒适的居住环境。

贵阳梦溪笔谈住宅项目"竹溪居"组团，设计吸收传统民居天井式平面空间布局形式，在满足现代生活方式和生活需求的前提下，利用当地温润的气候特点，以山地框架网格结构方式，在山体上搭建有序而又有趣的居住空间。以"分岔的立体循环路径"为设计构思：立体路径环(楼梯)+户外空间(天井)。设计的路径体系穿越户内天井空间，构成一个按时间展开的动态过程，摆脱了常见的静态空间模式。

"环路"是竹溪居的一个重要空间结构特征。户型中有两部或更多的楼梯，使户内空间形成立体交错的环路体系，这是一种很有意思的居住空间体系。竹溪居的楼梯设计概念，不仅解决垂直交通，而且将二维平地式路径三维化，将传统山地外部路径室内化。竹溪居空间处理是"外紧内松"："外紧"指总图中高密度的框网格拼联关系；"内松"是指通过多样化的天井，营造内向性的景观空间。各类天井造就了一个疏松、多孔的空间体系，可以为住户围绕天井提供更为细腻的生活内容。竹溪居的天井形式虽然是现代的，却带有传统天井空间的趣味性和记忆性，内天井包含记忆，外天井面向生活。天井套天井=生活+记忆。

竹溪居的天井空间实质，就是公共空间的二次划分。竹溪居通过纵横的天井空间格局，以及隐含中式情怀的材料符号——白墙、灰砖、黑色金属压顶、青石铺地、木门、花格窗，辅以天井、退台、空中内庭等形式，营造出富有浓郁中式人文精神的居住空间，强化了传统意境的存在感，赋予建筑以现代独特的美感和灵动的神韵(图5-1-16~图5-1-18)。

四、利用气候条件绿化环境空间

贵州气候、水土非常适合植被的生长，这里植被繁茂、品种繁多，温和湿润的亚热带季风气候，水热条件好，为环境绿化提供了有利条件，这里可以种植常绿阔叶树种，也可种植高山针叶树种，以及灌丛、灌草丛等典型的亚热带植被，为人居环境的创造奠定了良好基础。在近年来新建的居住小区，绿化用地指标都在35%以上，城市居住环境得到较大改善，促进了人与环境的协调和谐。图5-1-19、图5-1-20是贵阳会展中心及某居住区的环境绿化景观。

图5-1-16 户型、砖头院（来源：魏浩波 摄）

图5-1-17 B-3户型湿天井（来源：魏浩波 摄）

图5-1-18 B-2户型天井中被保留的老树（来源：魏浩波 摄）

图5-1-19 气候绿化环境（来源：观山湖区规划局 提供）

图5-1-20 环境气候住区绿化（来源：省建筑设计院 提供）

第二节 对"不平"地貌的回应——营造山地建筑特色

地理环境复杂的贵州，它与平原和微丘陵地区不同，这里的生态系统"类似性"较低。往往在同一个山地系统中或同一个坡向中，由于小地形起伏、太阳高度和日照方位的差别，可以出现悬殊的生态环境，这也是山区地理环境特点及垂直地带性规律所决定。

对贵州而言，建筑主动地适应地形，利用地形，是建造活动的基本出发点，也是建筑营造山地特色和形态多样的根本之源。因为自然地形是环境诸多要素中与建筑结合最为紧密的方面。应对不平的地形地貌，建筑单体方面，采用退台、吊脚、筑台、靠岩、重叠、出挑等多种山地建筑适应地形高差的传统方式，打造了顺应地形层层跌落的建筑群体形态，使建筑适应地形，融入自然，是贵州建筑对自然环境的回应。山地建筑虽然受到了比平原地区更多的限制，但同时也拥有更好、更独特的发展条件，这就需要我们去寻找地区的特殊性和优越性，主动应对自然条件，扬长避短，因势利导。只要我们针对不同的场地情况，采用不同的建筑处理手法，就能使建筑与环境融合。镇远是贵州一个山地形的古城，S形沅阳河穿城而过，呈现道教文化的符号形态，古城建筑布局体现山水地域文化的格局（图5-2-1）。

一、顺应山势建筑爬坡

山地建筑总体布局可以归纳为集中与分散两种布置形式。集中与分散是一对矛盾的统一体，集中式方案：集中布置在适宜的坡地，可以紧凑地利用山坡，减少对自然地形的破坏和改变，有利于形成疏密有致的景观风貌。集中紧凑型结构，节约用地，减少投资和运营费用。分散组团式结构多见于地形起伏的山丘地带。

集中是效率的体现，分散是山地自然环境的基本特征，建筑设计两者有机结合，是山地建筑群体布局应对人与地两者矛盾的可持续保证。

遵义市行政中心，设计借鉴传统山地民居特点，将建筑群顺势而为，顺应山坡地势的走向，包括控制建筑的高度、体量，利用当地条件和建筑材料等。设计在考虑建筑形态时，兼顾山体形态，维护了坡面生态系统的完整性，同时通过主动改造地形，塑造和强化环境以配合建筑形态来达到与环境的有机共融，达到建筑与自然环境协调。这种积极的态度更多地反映出当代建筑呼应逐渐更新的时代需求（图5-2-2）。

场区用地地形情况不同，设计方式应区别对待。贵阳某居住小区，根据项目所处场区的坡度不同情况，分别采取不同的布置方式：罗甸中医院建筑布置顺应缓坡山势的走向，建筑由低到高顺势而为；中天花园、中铁逸都叠墅项目有着异曲同工之妙，所处场地相对较陡，设计采取爬坡的建筑方式。建筑和山势紧密贴合，地上建筑和地下建筑部分灵活转换，保持建筑形态与山体坡面形态的一致性，建筑布局依山就势、顺应等高线，呈梯状分布，随山势层层跌落，与山脉、河流一起，形成一幅"天人合一"的自然画卷，使建筑与自然环境达到有机融合、协调和谐。山地住宅的建筑形态轻盈而富有变化，天际轮廓随地形起伏而高低错落，多维的建筑空间，形成了朴素大方、富有山地特色的立体艺术外观。顺应山势爬坡住宅建筑群组表现出空间美、群体和谐美；由于标高的不同，住宅单体表现层次美、轮廓美（图5-2-3~图5-2-8）。

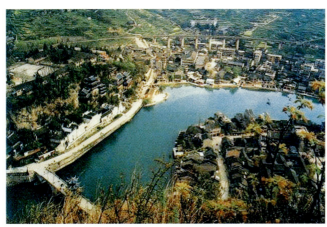

图5-2-1 古城镇远（来源：《贵州民居》）

图5-2-2 遵义市行政中心（来源：汪克 摄）

图5-2-3 中天花园爬坡佳宅图片（来源：罗德启 摄）

图5-2-4 爬坡（来源：贵州省建筑设计院 提供）

图5-2-5 罗甸中医院顺势爬坡（来源：罗德启 制）

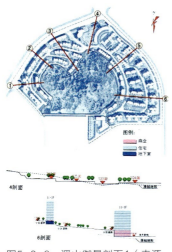
图5-2-6 溪山御景剖面1（来源：张学源 提供）

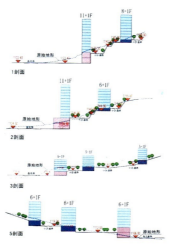
图5-2-7 溪山御景剖面2（来源：张学源 提供）

图5-2-8 檀溪谷昊苑小区建筑分层筑台布置（来源：吴茜婷 摄）

二、顺山就势分层筑台

采取分层筑台错位的设计手法，也能体现建筑与山地和谐融合。六盘水凤凰山城市综合体位于市区，总体布局取材于凤凰造型，以凤凰山为依托，呈两翼展开。整个建筑群与地形紧密结合，连接延绵山势，与山体连成一片；根据建筑群各部分不同功能，充分利用地形高差，采取顺山就势分层筑台的手法，减少对山体的破坏，将山坡地块分为不同标高的三级台地，横向以山脊为中轴对称布局，纵向随不同标高的平台分级修建。建筑由低到高分别布置会议中心、图书档案馆、地方志馆、博物馆、城市规划馆、服务中心及行政办公等用房，各种不同类型的场地形成不同功能的外部活动空间，以室外架空连廊将各建筑联系起来。总体布局严谨，主次分明，气势雄伟，建筑与山体浑然一体，和谐共生，塑造出一个功能完善、空间开放、富有地方特色的公共文化建筑群，是利用山坡地形组织室内外空间较好的实例。竖向设计利用地形高差，采取"天平地不平"的设计手法，使建筑群能充分体现山地城市建筑特色。黔灵半山居住小区、溪山御景小区以及贵阳会展中心也都是采用筑台的手法，利用山坡地建设较好的实例。近年设计的贵阳国际会议中心，建筑用地处于山丘之上，依据这样的地貌环境，建筑布局采用传统的模式，尊重自然地形地貌，空间布局和路网组织顺应地形，建筑依山就势、层层跌落，建筑群体零而不散，较好地解决了建筑与环境地貌的协调关系，建筑各功能空间既独立又彼此联系方便，颇具山地建筑空间之势，实现自然环境与人

图5-2-9 凤凰形态（来源：戴泽钧 提供）

图5-2-11 共青湖别墅群爬坡（来源：观山湖区规划局 提供）

图5-2-10 六盘水（来源：戴泽钧 提供）

图5-2-12 随坡就势（来源：罗德启 提供）

图5-2-13 筑台别墅（来源：张学源 提供）

图5-2-14 下街剖面（来源：罗德启 提供）

工建筑的有机融合。立面的天际轮廓随地形起伏而变化，多维的室内外建筑空间组织，朴素大方、富有山地特色的建筑艺术外观（图5-2-9~图5-2-14）。

三、利用高差掉层吊脚

掉层吊脚是传统民居在地形起伏复杂、场地局促的条件下，积极利用场地高差和环境特质采取的有效形式。建筑根据所处的地段环境，包括地段的坡度、山位、地表肌理等因素，或是位于山顶、山腰、山谷，或者陡坡、陡崖等不同情况，设计调节建筑的底面，在原地形上通过地面的切割、抬起、延伸，形成主要的建筑体量，与地表采用不同的结合方式，会取得明显效果。六枝旅游接待中心建设用地位于陡崖，建筑设计利用这里的特殊地形，最大限度地保留了原始场地，同时能使游客在游赏行进过程中从多角度观赏大地景观。采取掉层、吊脚，依山跌落的设计手法，体现建筑与自然环境协调的合理性。设计将主入口布置在顶层，自上而下布置其他功能空间。从入口广场看，是单层建筑，从崖脚向上看建筑高度有五层，充分发挥竖向组合的特点，使陡坡地形得以充分运用，节约了土地，避免填挖引起的水土流失，建筑造型高低错落，凸显山地建筑特征，建筑形态与山

图5-2-18 共青湖别墅群（来源：张学源 提供）

图5-2-15 六枝旅游接待中心掉层1（来源：六枝规划局 提供）

图5-2-16 六枝旅游接待中心掉层2（来源：六枝规划局 提供）

图5-2-19 分层入户一单元入口（来源：吴茜婷 摄）

图5-2-17 六枝旅游接待中心掉层3（来源：六枝规划局 提供）

图5-2-20 檀溪谷昊苑二单元楼地形入口（来源：吴茜婷 摄）

体协调和谐，体现了尊重环境、保护生态的意识（图5-2-15～图5-2-17）。

富源路住宅利用陡坡建房，将掉层部分设置为商业用房及车库，争取到五层的使用面积，节约了大量建设用地，取得较好的群体效果。

地貌形态起伏变化较复杂的山坡块面，可以采用架空干阑建筑方式，以减少山体原生形态破坏，可以最大限度地保持地面生态系统完整，取得建筑与自然环境的有机融合。共青湖别墅以掉层吊脚的建筑设计使建筑群立面形态高低错落、下虚上实，显现山地建筑轻盈灵巧的个性特色（图5-2-18）。

四、利用地形分层入户

根据功能要求，利用地形，合理布置建筑出入口，按不同标高进入室内。做到垂直分流与水平分流相结合，解决好竖向高差问题。充分利用不同高差设置建筑的出入口，不仅可以提高建筑高度，增加使用面积，而且有利于消防疏散、防灾救灾。图5-2-19、图5-2-20为某住宅小区利用地形高差分别组织出入口的情况。

五、地下空间利用

地下空间是当今宝贵的自然资源，随着地面资源开发利用的日趋饱和，地下空间开发利用已成为必然的发展趋势。山地住区在可能的条件下，应该充分利用地下作为辅助空间使用，在不增加用地的情况下，可以增加面积，改善居住环境和舒适度。某住宅地下空间与小天井结合，解决了自然通风采光，扩大了使用功能（图5-2-21～图5-2-24）。

六、山地住区户外垂直交通

人行梯步是山地居住小区户外步行系统中最常见的交通方式，与车行道路交通系统相比占地少、结合地形、布置灵活自由。除满足交通联系的基本功能外，它常与户外的广场、庭院等公共空间联系在一起，成为体现山地住区

图5-2-21 某住宅负一层平面图（来源：黄枫 制）

图5-2-22 地下室与采光天井（来源：黄枫 摄）

图5-2-23 采光天井（来源：黄枫 摄）

图5-2-24 地下室天井（来源：罗德启 摄）

图5-2-25 户外垂直电梯（来源：省建筑设计院 提供）

图5-2-26 户外人行扶梯（来源：省建筑设计院 提供）

景观特色的有机组成部分。山坡地上的梯道往往需要同时设置为行动不便者服务的坡道或垂直升降电梯（图5-2-25、图5-2-26）。

以上一些实例可以看出，贵州地区的部分当代建筑在应对传统寄情山水理念的继承和延续中采取的是一种较为朴素和谦逊的态度，即延续传统建筑对自然条件的被动适应方式，依山就势、布局灵活；竖向发展、入口分层；形势兼具、景观丰富；院落层叠、私密性强；平面与立体布局相结合；交通、绿化系统，地上、地下综合发展；具有地域性、协调性特点。与此同时，也采取对地形的顺应和轻度改造、对建筑体量的控制以及模仿传统群体布局模式等，使建筑和人工痕迹对自然环境的影响和破坏减到最小，忠实反映崇尚自然和人性文化所演绎的天人合一的精神。

山地建筑具有善于合理利用地形高差，注意在起伏不平的地貌环境上做文章，使建筑与自然山势共构，让建筑随山势而为，采取依山就势，顺应高差，结合地形地貌，保留或运用山石，以架空、悬挑、掉层、吊脚等手法，就能够做出体现山地建筑特色的当代建筑作品。

第三节 运用地方资源展现人文情怀

对地方材料资源的积极利用，也是贵州地区当代建筑常用的设计手段。地方材料的运用是传统建筑文化最重要的特征之一，材料中蕴含有丰富的地域特征要素和人文情怀，反映地区环境的特征，体现地域文化的色彩。延续对地方材料资源的运用，是展现地域特色的重要方式。运用地方材料资源，与整体环境协调，还原场所记忆，强调情感回归，提升体验感受。乡土材料资源的运用是传统建筑最重要的特征之一，乡土材料包括特定环境中的自然材料，如石材、木、砖、瓦及竹、茅草等；其蕴含的地域特征要素和人文情怀相当丰富。当代建筑对传统材料资源的运用，能够最直接地表达建筑的地域特色，强化其特色形成项目亮点。

一、丹霞石

丹霞是红色砂岩经长期风化剥离和流水侵蚀形成，是巨厚红色砂、砾岩层中沿垂直节理发育的各种丹霞奇峰的总称。它发育于侏罗纪至古近－新近纪的水平或缓倾的红色地层中，形成丹霞地貌的红色砂砾岩层命名为丹霞层，主要由红色砾石、砂岩和泥岩组成，呈现鲜艳的丹红色和红褐色，特别是在阳光的照耀下，色彩斑斓、气势磅礴。贵州赤水是中国丹霞完整性纯砂岩丹霞地貌的典型代表，赤水的土壤大部分是红色的，石头也是红色的。

遵义红花岗行政中心，运用地方材料丹霞石作为设计手段，强化了项目的地方特色。设计充分考虑结合当地施工条件，提出低工艺高品位展现的施工方案，同时对材料制作提出严格要求和标准，经过建筑师与业主团队的通力合作，在研究了美国大气研究中心案例的基础上，最终找到确定使用当地丹霞石建材的施工工艺方案。在经过多次试验的基础上终于试验成功。建成后的遵义市红花岗行政中心，色彩鲜明，美感要素完整，展示了非凡的自然美。丹霞石作为特有的地方材料运用于建筑上，蕴含有丰富的自然特征和人文情怀，不仅展现出地域特点，还充满庄重与浪漫、恢宏与灵秀、自然与精美的美学意境，还原了市民的场所记忆和情感回归，从而提升了建筑品位与魅力，强化了建筑的地域特色（图5-3-1~图5-3-5）。

筑就地取材，使用当地的合硼石做立面材料；因山而建、错落有致，与山石融为一体。设计运用地方材料石灰岩青石板作为外饰面主材，采用传统施工工艺方法；并通过对施工工

图5-3-1　红花岗行政中心（来源：汪克 摄）

图5-3-2　丹霞岩（来源：《贵州中遗报告》）

二、合硼石（石灰岩青石）

贵州岩石，有1.5厘米厚的片石，也有50~60厘米厚的块石。片石人们又称合硼石，它可以切割成不同形状和规格，大者3米、宽1.2米高，作隔板使用；小者50厘米见方，铺地使用，民间更多用于屋面。合硼石上下表面平整时砌筑的横缝结构致密。不用砂浆叠砌的片石墙体，在光影下呈现稠密的凹凸不平状纹理，外形朴素轻巧，给人以自然朴实的美感。运用这一特征可以加强和丰富建筑的艺术表现力。

贵阳乌当区行政会议中心，建筑选址背山面水，设计充分考虑场区山水空间的形态特征，力求将建筑与自然山水融为一体、相互交融，真正实现了人工与自然的和谐共处。建

图5-3-3　丹霞石柱廊（来源：汪克 摄）

图5-3-4 丹霞石大样（来源：汪克 摄）

图5-3-5 红花岗丹霞石（来源：汪克 摄）

艺的多次试验，石材的坚固性和高品质特性得以充分展现。建成后叠砌的墙体在光影下，呈现稠密的凹凸不平状纹理，显现有自然犷野之趣，建筑外观朴素轻巧、别具一格，给人以自然朴实和敦厚坚固的美感，强化了项目的地方特色，也为地方材料在现代建筑中的运用探索了一条新路（图5-3-6～图5-3-10）。

三、传统材料的现代表达

随着人们环境保护意识的日趋强化，使当代建筑以绿色生态的方式努力重新回到传统建筑"天人合一"自然观的核心思想中，以现代的手法融入地方传统建筑材料元素的特征，是形成特色建筑的有效方式。

（一）木材新意

当今更为广泛地运用先进工具和施工工艺技术，可以使传统的木质材料，在建筑中展现具有地域特征和时代气息的新颖建筑空间。

木材有其独特的性格，自然、朴素的属性，建筑通过表现材料本身的自然属性，体现建筑风格与个性特色。贵阳顺海林场别墅和多彩贵州城服务中心两项工程，运用当地林木生产的优势，采取先进的施工工艺，将传统的木材，以现代简约的手法，装修出两种不同风格的建筑室内空间，由于细部施工制作精良，给人展现出一个全新舒适的建筑室内空间环境和传统材料的崭新形态，但在现代环境中依然隐含着传统文化的精神内涵（图5-3-11～图5-3-13）。

（二）传统材质组合

当代建筑为适应时代变迁和社会发展，各方面都呈现出多样化演化发展的态势。建筑设计运用新工艺将传统的砖、石、木质材料进行重组运用，使传统材料展现出崭新的时代感。

黄果树屯堡酒店借鉴传统坡顶建筑形态，将石材、木材等传统材质进行组合运用，在建筑造型和细部装饰构造中，将传统建筑元素以简化方式表达，从而取得较好的视觉效果（图5-3-14）。

青岩古镇在功能保护协调区内，对建筑进行功能性的变化与更新，新建建筑结合原有地块肌理，充分考虑了与原有建筑在体量、材质和空间上的关系，运用现代设计手法重塑地块内部秩序，达到传统与现代的共生。运用传统的石、木、砖等建筑材料，注入时代特征的新建筑思想与文化，对整体或局部建筑形态进行适应性传承，既体现时代精神，又传达出更为丰富的传统的地域文化意象，让人在步行的过程中感受传统街道的意韵（图5-3-15）。

图5-3-6 "合硼石"岩层（来源：罗德启 摄）

图5-3-8 岩石肌理（来源：《贵州民居》）

图5-3-7 石材肌理（来源：汪克 摄）

图5-3-9 乌当石材肌理（来源：汪克 摄）

图5-3-10 乌当片段（来源：汪克 摄）

图5-3-11 木材（来源：申敏 提供）

图5-3-12 顺海林林木装修（来源：刘兆丰 提供）

图5-3-13 多彩贵州城木装修（来源：金礼 摄）

图5-3-14 屯堡酒店石木组合（来源：安顺规划局 提供）

四、采用现代材料转译传统意蕴

贵阳会展中心、喜来登大酒店、海港大厦等建筑，都是在科技发展的时代背景下，通过运用新材料、新工艺，以及新的结构形式与技术手段，在传统文化中加入时代发展的新思想与新文化，承载着更为丰富和具有抽象地域内涵的文化意象，给建筑带来创新的表达，展现建筑的个性和特色。

贵阳会展中心，以现代简约的设计手法，将矩形大跨度

图5-3-15 材质组合运用（来源：花溪区规划局 提供）

图5-3-16 会展中心现代材料（来源：观山湖区规划局 提供）

图5-3-17 遵义市行政中心新材料组合（来源：汪克 摄）

图5-3-18 新材料组合（来源：汪克 摄）

展示空间排列组合，展厅间穿插若干院落，较好地解决了展示空间的内外结合、通风采光和观众休息问题。建筑表皮完全覆盖新颖的金属复合板材，沿街立面由屋面延伸到墙体，弧线流畅，体现建筑材料的肌理与质感，通过玻璃、金属材料、钢架等，同时还注重建筑与环境的整体协调以及主要材料组合细部的刻画，使建筑展现出时代气息，体现与周围环境建筑的互相协调、彼此衬托造成的整体美，设计注重建筑物形体和立面的处理，使建筑物既展现现代建筑的简洁大气，以材料形式的创新展现当代建筑的个性特色，又体现传统建筑空间的意境，使建筑展现出精致与典雅的美感（图5-3-16）。

遵义市行政中心采用玻璃、构架、新型复合板材等元素，组合成外立面协调统一而富有变化，彰显有时代特色的行政办公大楼形象（图5-3-17、图5-3-18）。

建筑色彩和建筑造型、材料一样，可以作为表达建筑的地域性和文化性。不同的地区、不同的民族对色彩使用习惯各不相同，形成地域性的建筑色彩文化。赤水红军烈士陵园，运用红色丹霞石铺设地面，与建筑物白色墙体的色彩形成鲜明对比，体现崭新的建筑形象（图5-3-19、图5-3-20）。

五、运用材料肌理表达地域内涵

如何利用现代材料，植根于传统文化，设计建造出既有时代性、又不失文化特性的建筑，是今后的方向。当代建筑既可通过玻璃、钢架等新型建筑材料展现时代气息，也可以运用石、木、砖瓦等地方材料肌理承载贵州地域传统文化的

图5-3-11 木材（来源：申敏 提供）

图5-3-12 顺海林林木装修（来源：刘兆丰 提供）

图5-3-13 多彩贵州城木装修（来源：金礼 摄）

图5-3-14 屯堡酒店石木组合（来源：安顺规划局 提供）

四、采用现代材料转译传统意蕴

贵阳会展中心、喜来登大酒店、海港大厦等建筑，都是在科技发展的时代背景下，通过运用新材料、新工艺，以及新的结构形式与技术手段，在传统文化中加入时代发展的新思想与新文化，承载着更为丰富和具有抽象地域内涵的文化意象，给建筑带来创新的表达，展现建筑的个性和特色。

贵阳会展中心，以现代简约的设计手法，将矩形大跨度

图5-3-15 材质组合运用（来源：花溪区规划局 提供）

图5-3-16 会展中心现代材料（来源：观山湖区规划局 提供）

展示空间排列组合，展厅间穿插若干院落，较好地解决了展示空间的内外结合、通风采光和观众休息问题。建筑表皮完全覆盖新颖的金属复合板材，沿街立面由屋面延伸到墙体，弧线流畅，体现建筑材料的肌理与质感，通过玻璃、金属材料、钢架等，同时还注重建筑与环境的整体协调以及主要材料组合细部的刻画，使建筑展现出时代气息，体现与周围环境建筑的互相协调、彼此衬托造成的整体美，设计注重建筑物形体和立面的处理，使建筑物既展现现代建筑的简洁大气，以材料形式的创新展现当代建筑的个性特色，又体现传统建筑空间的意境，使建筑展现出精致与典雅的美感（图5-3-16）。

遵义市行政中心采用玻璃、构架、新型复合板材等元素，组合成外立面协调统一而富有变化，彰显有时代特色的行政办公大楼形象（图5-3-17、图5-3-18）。

建筑色彩和建筑造型、材料一样，可以作为表达建筑的地域性和文化性。不同的地区、不同的民族对色彩使用习惯各不相同，形成地域性的建筑色彩文化。赤水红军烈士陵园，运用红色丹霞石铺设地面，与建筑物白色墙体的色彩形成鲜明对比，体现崭新的建筑形象（图5-3-19、图5-3-20）。

五、运用材料肌理表达地域内涵

如何利用现代材料，植根于传统文化，设计建造出既有

图5-3-17 遵义市行政中心新材料组合（来源：汪克 摄）

图5-3-18 新材料组合（来源：汪克 摄）

时代性、又不失文化特性的建筑，是今后的方向。当代建筑既可通过玻璃、钢架等新型建筑材料展现时代气息，也可以运用石、木、砖瓦等地方材料肌理承载贵州地域传统文化的

图5-3-19 材质对比——赤水红军烈士陵园（来源：魏浩波 摄）

图5-3-20 新材质对比（来源：观山湖区规划局 提供）

图5-3-21 省博物馆石材肌理（来源：省建筑设计院 提供）

丰富内涵和历史文脉的延续与发展。

贵州省博物馆方案设计植根于传统文化，运用现代材料、现代建筑语汇表达。外墙立面选择地方材料合硼石青石板的材质纹理作为创作素材，使建筑整体呈现出鲜明的水平向肌理，立面造型虚实结合，灵动与古朴相间。强调了建筑与自然环境的对话，延续了原有的石头砌筑的风格，呈现厚重的地域文化内涵（图5-3-21）。

六、山地建筑的生态原理及启示

我们对山地建筑的生态原理可以归纳几点：

1. 利用自然地貌环境布置建筑，采用合理的建筑接地方式，是取得建筑与自然环境协调的重要手段。因此根据建筑所处的地段环境，包括地段的坡度、山位、地表肌理等因素，或是山顶、山脊、山腰、山谷，或陡坡、陡崖等不同情况，调节建筑的底面,采用不同处理手法,会取得明显效果。

2. 山地建筑能取得与自然环境和谐,就在于具有保护自然生态环境的意识,在考虑建筑空间形态的同时,必须兼顾山体的自然形态特征。同时保持建筑形态与山体坡面形态的一致性,也就可能使建筑与自然环境达到有机融合、协调和谐的效果。

3. 山地建筑特色来自善于合理利用地形高差、始终注意在起伏不平的地貌环境上做文章,建筑与自然山势共构,让建筑随山势而为。或是保留运用山石,充分发挥竖向组合特点,以架空、悬挑、吊层等手法体现山地建筑的形态特征。

地域文化能够让建筑形式赋予情感,给建筑形象塑造注入诗性般的思维,可以使建筑艺术的语汇和符号转译出华夏传统建筑文化的民族根和地域魂。鉴于以上原理,还可以得到几点启示:

1. 我们要学习山地建筑特色营造的基本思维方式,就在于它集中在"不平"的构思上做文章,注意树立尊重环境、保护生态的意识。

2. 在当代建筑创作中,重点在于借鉴吸收山地建筑在不同地貌情况下的不同处理手法和技巧,为当今建设有特色的山地城镇和山地建筑服务。

3. 从多元文化性的角度而言,山地建筑是多层次建筑文化范畴中的建筑类型之一。运用山地建筑设计原理,作为当今繁荣建筑创作,形成多元文化互补的建筑格局也是十分有益的。

第六章　利用民族传统文化元素传承文脉

文化传统是一个地区特色的积淀。贵州地理类型多样，民族构成复杂，传统文化与建筑类型更加丰富多样，每个地区的文化都有很深的根源，历史建筑、历史环境可以反映地区发展演变的历史，可以映射出地区的传统文化和民族文化。贵州历史文化发展特殊，民族文化构成多元，不同的地理文化直接影响到受地理条件影响而生成的人文文化。因此在贵州往往会形成同一区域不同民族的文化趋近、不同地区同一民族文化趋异的状况，展现贵州文化"多"与"和"的生存局面。从历史渊源看，历史上的夜郎文化、牂牁文化、土司文化、屯堡文化、红色文化等是其文化背景中的亮点；从民族的因素看，贵州少数民族分布广泛，其生活环境和习俗的差异形成了丰富多彩的少数民族文化。因此它有着丰富的文化资源，而且呈现有多样性、异质性，复杂性的鲜明特征。

随着社会发展对改变建筑功能和空间的要求日益提高，为适应更灵活的空间和现代生活方式的多种使用要求，传统建筑形态也应随之进行发展与更新，由此各种设计思想、设计方法也层出不穷。贵州当代建筑创作在探索传统建筑现代化的长期实践中，创作类型和手法也同样百花齐放。但无论怎样变化，却"万变不离其宗"，传统建筑的形体是本源、根本。我们通过对传统建筑符号的形体特征和贵州当代建筑实践作品的分析、归纳，大致总结有以下几种传承传统建筑文化的设计手法和途径：

第一节　形态模仿

一、形态模仿原味表达

历史建筑是代表当地文化的特色元素，它真实反映地方过去历史时期的政治、经济、社会文化，是城市文明的物质载体和潜移默化的文化影响。建筑形态是容纳内部功能空间的载体，是建筑使用功能的外在表述，传统建筑之所以能激发今人的审美情感，是由于其丰富的文化内涵和审美意蕴，使人们联想到当时的生活形态、时代背景和文化精神，从而引起人们情感上的共鸣，愉悦身心。形态模仿是对建筑形态整体或局部进行直接的复原、模仿、拷贝，借鉴传统建筑的空间"原型"遵循形态整体或传统文化元素的原始状态直接延续传承引用，对其进行延续或在当代建筑设计中予以合理重塑。通过空间构成和还原再现，尊重历史，体现地域的历史价值，以此传承并延续传统地域文化特质。形态模仿，除了从形态上对整体或局部建筑形态进行原味复制和延续传统的同时，也将传统建造工艺与构造方式完整地留存和延续下来，把握地域历史传统文化精髓，继承传统街区和传统建筑的风格。历史建筑的外部表象能够赋予情感，传递历史文化意蕴，激发人们怀旧情绪。原态传承，是塑造地方特色的最好素材，是尊重历史文脉，传达地方文化的表现。

在实践中分两种情况：一是传统形态直接引用，二是传统形态当代手法表达。直接引用手法多适用于历史文化名城的重要历史地段，或历史城区的旧区更新、历史建筑修复等，有助于继承传统，呈现历史的真实性、风貌的完整性、生活的延续性，达到有效保护城市历史风貌和传承历史文化的目的。

当代快速的城市发展并没有阻碍城市文脉和城市精神的延续和传承，贵阳青岩古镇代表着一段传统的历史文化，镇容布局沿袭明、清格局，四条主要街道呈十字纵横，大部分古建筑旧观犹存。南、北两条老街是历史悠久、文化底蕴丰厚、有特色的传统商业街，是代表某一历史时期的产物，包含的一些历史建筑、民居等都具有悠久历史和宜人的空间尺度。为真实反映老街的历史状况，对这一历史地段、历史建

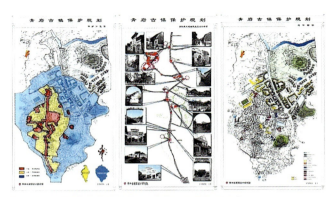

图6-1-1　青岩古镇保护规划（来源：罗德启 提供）

图6-1-2　环境整治（来源：罗德启 摄）

筑和民居的修复，采取了"修旧如旧"原则。民居整修根据每幢建筑的不同情况，分别提出相应方案措施，充分利用原有建筑构件，按原样修复保留；损坏严重但具有历史价值的典型民居或院落，利用原有材料、构件、按原样恢复。青岩古镇延续传统空间中的街巷空间格局，使修复后的古镇老街空间保持了古镇原有的传统文化氛围，独具传统街巷韵味的古镇空间，沿街传统特色立面保存基本完好，其中以商铺门面的形式丰富，呈现出不同形式、不同材料、不同尺度的形态，保存了历史风貌的真实性，具有起承转合的作用。对古镇的定广门、北城门、慈云寺、万寿宫、寿佛寺、文昌阁、赵公专祠、迎祥寺等历史建筑以同样的原则进行修复，成为整体公共开放空间的重要组成部分。工程的实施，使更多记录着这座古镇记忆和历史痕迹的建筑、街道以及道路空间面貌得以完整保存下来，也使古镇的历史文化资源——古镇独

图 6-1-3　青岩镇定广门（来源：花溪区规划局 提供）

图 6-1-4　慈云寺修复前后（来源：罗德启 摄）

特的历史风貌、景观特色、社会结构、民风民俗等这些珍贵的、不可再生资源的经济价值得到了保护和提升，以这些原真性的生活活动为载体，从文化感知层面上呼唤了古镇场所精神的回归。对提高古镇知名度，开展旅游宣传起到了积极的推动作用（图6-1-1~图6-1-4）。

不同时期的文化往往在建筑创作上有所体现，建筑作为历史文明的传承者，其背后有着深刻的文化内涵和人文精神。遵义凤凰塔、茅台酒文化博物馆、凯里民族文化园、黎庶昌故居陈列室、西江大寨商业建筑、遵义红军街、金沙县后山老街、文昌路历史街区保护改造工程等对传统建筑街区特征、建筑形体风格直接模仿、复原、嫁接，是延续当代建筑与传统历史之间最直接的手段，既是运用传统形态与建造方式的传承，也是对地域形态最直观的回应（图6-1-5~图6-1-10）。

根据建筑的环境条件和使用功能的不同，对于历史文脉的展现方式也不同，有些建筑通过改造与保护手段来延续并

图 6-1-5　遵义凤凰楼（来源：遵义规划局 提供）

图 6-1-6　茅台酒文化博物馆（来源：罗德启 摄）

图 6-1-7　西江大寨商业建筑（来源：黔东南州规划局 提供）

图 6-1-8　黎庶昌故居（来源：遵义规划局 提供）

图 6-1-9　凯里市西出口民族文化园（来源：黔东南州规划局 提供）

图 6-1-10　老街方案（来源：六盘水地区规划局 提供）

发扬历史文化，有些则通过植根于原始建筑形态以及还原原始生活场景来表达历史文脉。

旧有建筑体现了动态的历史发展过程，它在时间中的演化轨迹表现出不同的时代性。遵义凤凰塔的修复注重传统建筑形态及美学的传承，结合用地周边环境，以现代手法结合地域性符号为表现元素，通过修复，给建筑注入灵魂和活力。

在历史名城的老城区不仅以原有建筑的美学时空特征激活了生气，而且也传承了传统文化，再现历史风貌，唤醒历史记忆。

茅台酒博物馆建筑是对传统建筑文化最直接的表达，设计从出土的"樽"以及传统建筑元素"阙"的形象中提取建筑文化元素符号重塑，体现建筑的历史感和亲切感（图6-1-11）。

肇兴宾馆、西江大寨商业建筑位于大寨内部环境之中，规划设计利用多元复合地域因子，体现地形、地貌、人文、历史风貌精华的浓缩。使建筑达到与周围自然环境和民族文化氛围协调和谐的效果。酒店主要发掘其古村落历史文化价值和毗邻的自然景观优势，同时也把历史文化商业化向世界开放，让更多的世界游客体会苗岭山地建筑文化（图6-1-12）。

遵义红军街通过运用错落有致的小街铺面元素进行组织，木栏青瓦、古色古香的雕花门窗、在体现黔北传统民居风格的同时，在建筑布局、建筑材料、制作工艺技术等方面采取原味传承的手法，延续传统建筑形态和历史空间氛围（图6-1-13）。

图6-1-11　茅台酒厂大门（来源：罗德启 摄）

二、形态模仿当代表达

如何对待"模仿"，今天我们更多需要以发展的观点、发展的眼光来对待。"贵阳孔学堂"的设计实例，可以为我们呈现一份对于传统建筑之现代表达的思考。

贵阳孔学堂建筑群依山而建，13组建筑叠构相连，总建筑面积约2万平方米，占地100余亩，集教化、典礼、祭祀、

图6-1-12　肇兴宾馆（来源：黔东南州规划局 提供）

图6-1-13　遵义红军街（来源：遵义规划局 提供）

典藏、研究、旅游功能于一体。建筑总体以中国传统井田形布局而衍变，呈现"一纵两横、三轴交联"的格局。实践更像是一个山地建筑聚落。建筑设计可归纳为"以礼为外，以学为内"，"唐汉气度、现代表达，简朴若拙、地域营造"，建筑设计采取地域化的新古典手法，表达传统文化空间的现代阐释，是地域文化的创新表达。

建筑群从整体格局到细部构思，再到建造手法和材质运用都颇有新意，且透露出对传统儒家思想和本土地域文化的彰显和衍生。

在建筑风格方面，设计力避仿古，而是运用新古典主义手法、现代工艺与材料的自身逻辑，由建筑历史原型，展现出现代书院式的历史文化空间。设计利用顶部空间向上打开，引入天光，蕴含有开放的姿态；整体采用的青灰色建筑色调，是中国民间普遍使用的最低一级色彩，设计将其用于此，则隐喻在国家正统思想最高文化象征上的这组建筑群，是一处可以平等对话的现代文化空间。

孔学堂建筑设计依山布局，对古典元素的提炼，整体形象厚重、简明，传达出"城"与"台"的意象特征，做到在汉唐中显现现代、在现代中蕴含本土，形成独具特色的古典现代风格。建筑群体现出厚重的历史文化气质，呈现了一份对传统建筑之现代表达的思考，建筑设计通过新旧融合保留了历史痕迹与时代记忆（图6-1-14~图6-1-17）。

文昌路历史街区保护改造工程是体现历史与文化文脉、具有多种现代功能的综合历史文化地段，规划设计在立足于保护、发展贵阳历史建筑风格、特征和文化内涵的基础上，把保护与开发相结合，让历史的文脉在当代的生活中延伸，使其集各时期、风格、特征为一体，实现了传统街区、传统建筑风格的传承和延续。为了与基地环境融合，设计以现代的手法保护和改造片区内的优秀历史建筑，延续历史街巷，营造一个尺度适宜的开放空间，整个项目运用当代手法，并赋予其新的生命力，力求表现一种特定的建筑品位（图6-1-18）。

图6-1-14　孔学堂a（来源：贵州省建筑设计院 提供）

图6-1-15　孔学堂b（来源：贵州省建筑设计院 提供）

图6-1-16　孔学堂c（来源：贵州省建筑设计院 提供）

图6-1-17　奎文阁（来源：贵州省建筑设计院 提供）

图6-1-18　文昌路改造（来源：贵州省建筑设计院 提供）

"红色文化"在贵州影响深远，红军长征时在贵州途经的时间和往返的次数以贵州为最。在贵州召开的黎平会议、遵义会议、四渡赤水、娄山关战斗等，留下了一批具有历史意义的"红色建筑"，有巨大影响力，从而形成相应的建筑特征。

四渡赤水纪念馆为纪念中央红军长征"四渡赤水"的经典战例而建，位于贵州习水县土城镇，设计以黔北民居建筑风格为基本特色，建筑的整体表达将现代建筑语言和地域元素融合为一体，体现出新的时代特征，是建筑形态的当代传承。设计者力求以建筑师特有的语言创作出符合建筑功能需求与精神内涵的作品。通过运用传统文化元素以现代手法表达的方式传承历史文化。

纪念馆为单层建筑，前有水田，后有群山，建筑主体与山乡田野的自然环境和谐共生。陈列馆由序厅、展厅、影视厅及后勤办公等功能用房组成，通过不同功能空间的组合，以顺畅的流线以及现代光、电布展手段，为展示四渡赤水的光辉事迹提供了一个理想的场所。

纪念馆的建筑造型充分考虑当地的历史文化、地域元素和周边环境，吸取黔北民居的风格特点，采取均衡对称式三个不同坡向的青灰瓦坡顶屋面，并将四片传统马头墙元素穿插其中，体现四渡赤水纪念馆、黎平会议纪念馆的历史环境氛围。两组建筑的外装饰材料采用白色涂料、木门窗及木质装饰线脚为主，建筑外形平易质朴。马头墙元素及顶部老虎窗丰富了建筑天际轮廓，也给人以联想，转译华夏地域传统的物象，使建筑彰显地域文化特色和乡土气息（图6-1-19、图6-1-20）。

第二节 叠加拼接

建筑的形态格局是文化符号相对宏观层面的载体，根据文化符号所具体表达的文化内涵的不同，可以体现在建筑平面布局、空间组合、体量造型等方面。

叠拼是选择经典的传统符号或语汇，通过将元素符号、构件纹样巧妙地进行解构、叠加、拼接、重组和简化表达，在保持传统精髓的同时，形态上取得再生进化，以新的形态表达对传统文化的传承。它摒弃完全模仿，而是因地制宜，理性吸收和借鉴地域传统文化元素符号，传达传统文化的精神内涵。它蕴含变革固有定势的意念，通过叠拼使建筑由"形似"向"神具"演进，一定程度上体现了推陈出新的精神。由于它有利于异质、异域、异时代的文化交流，长期以来，叠拼是运用最多的传承手法之一，也成为地域建筑创作一个时期的基本方法和途径。

一、民族符号叠加

贵州少数民族地区传统建筑是其多元文化的重要载体，反映了贵州各民族发展的历史印记，无论是单体建筑还是山寨村落，都充分映射出各民族地域范围内人们的生活习俗和

图6-1-19　四渡赤水纪念馆（来源：魏浩波 摄）

图6-1-20　黎平会议纪念馆（来源：黔东南州规划局 提供）

价值取向，其蕴含有独特的民族特质和地域文化特色。将民族建筑中的元素或者精华部分延续到新建筑中，是十分可取的地域性建筑设计方法。每个民族或地区，都有最具代表性的经典民族传统符号作标志，贵州的侗族鼓楼、风雨桥、铜鼓、牛角等传统文化元素，具有鲜明的民族和地域标志性特征。少数民族的文化源流中，图腾崇拜、宗教信仰占有举足轻重的分量，人文特征的建筑形态和建造方式，是传统建筑风格特征的集中诠释和体现。这些文化形态极易被物化、具象化，从而成为鲜明的文化符号。

（一）鼓楼

建筑形态是建筑最重要的构成元素之一，鼓楼是侗族村寨的标志，是象征族姓群体的标志性建筑元素符号。鼓楼建筑造型别具一格，外形飞阁重檐，造型稳重壮丽，顶盖如翼振飞，挑檐独具匠心，建筑风格独特，充分体现侗族的历史与文化，在贵州民族文化中，素有鼓楼文化之称，不仅是因为它本身的建筑意匠已成为一个民族的文化特点和标志，还在于鼓楼其内涵远远超出鼓楼本身的技艺，并且成为稻作文化遗风在鼓楼文化上的体现。一般根据城市文化需要和建筑自身而定，是为强化某建筑或特定文化的象征性符号。

（二）风雨桥

风雨桥又称花桥，是贵州山区连接溪流两岸的交通通道，也是乘凉避雨和培植风水的一种亭廊与桥梁。风雨桥上高耸的亭顶，造型像伞，具有太阳崇拜的寓意，亭楼呈半封闭状，给人以家的感觉。桥身结构巧妙，造型技艺精湛，村民们把花桥当作彩龙的化身、吉祥的象征。侗族地区的风雨桥，以它独特的建筑结构，独特的艺术造型，成为中国建筑文化中的国粹。鼓楼、风雨桥作为特殊的建筑符号，除独具奇特优美的造型外，还蕴藏着深厚的文化内涵，一般根据城市文化需要和建筑自身而定，起为强化某建筑或具有特定文化属性和象征性的作用。

凯里、印江体育场馆、凯里博物馆、黔南市民休息廊、印江中州凉桥、亮欢寨饭店等均位于黔东南苗族侗族自治州中心城市，建筑为与周围环境协调，造型多以精巧、实用和精神上的憧憬与祈告为主，设计形体多变，凸现苗族、侗族民族地域特色（图6-2-1~图6-2-3）。

黔南市民休息廊运用风雨廊桥空间使其成为了当地老百姓乐于前往的休闲交流场所。增强了周边环境的景观性，创造出开放、民主的城市空间形态。

黔东南州体育场是黔东南苗族、侗族自治州容纳2万观众的田径比赛场地。建筑位于凯里市用地呈一梯形的地段，设计特色在于建筑的立面造型吸收侗族建筑的特点，于看台后部设计有一圈回廊，形似侗族的鼓楼、风雨桥。主入口采取牌坊并结合鼓楼多重檐造型，层层后退。建筑就地取材，细部采用苗、侗民族的垂花吊柱等细部构件装饰。建筑外观及公共广场空间环境极富苗、侗民族特色，584米长的走廊，是当今最长的风雨廊，为此，已申报吉尼斯纪录。

凯里博物馆、凯里体育馆和印江中州凉桥的顶部采用经典的鼓楼或风雨桥民族文化元素、叠加于有大片竖向或横向带形窗组合的白色墙体上，使建筑物的天际轮廓犹如一条起伏的彩带。鼓楼在民间是登天台的象征，代表着不断向上层

图6-2-1 寨头大寨花桥（来源：黔东南州规划局 提供）

图6-2-2 同德桥（来源：黔东南州规划局 提供）

图6-2-3 印江体育馆（来源：黔东南州规划局 提供）

层进取的拼搏精神，以及对未来生活的美好憧憬。通过运用鼓楼的形象，以及虚实造型等各种不同的处理，获得良好的视觉效果。

建筑入口采用梯级石砌大台阶、柱、枋和门楼、窗等细部做法，借鉴苗侗民族传统建筑的元素符号，并加以组合变形和简化，体现了民族传统建筑的精神，在建筑形态上又取得再生进化，它是传统建筑与现代建筑元素叠加拼接的产物（图6-2-4~图6-2-13）。

（三）铜鼓

图腾崇拜是体现民族特色和民族情绪的象征，铜鼓属于民族精神寄托性或祈告性图案。贵州的苗、布依、水、瑶等民族，

图6-2-4 黔东南州凯里市凯里民族体育馆（来源：黔东南州规划局 提供）

图6-2-5 雷山县县城木鼓广场全貌（来源：黔东南州规划局 提供）

图6-2-6 黔东南州体育馆（来源：贵州省建筑设计院 提供）

图6-2-7 黔东南民族体育场（来源：黔东南州规划局 提供）

图6-2-8 黔东南州凯里市凯里民族体育场（来源：黔东南州规划局 提供）

图6-2-9 亮欢寨（来源：贵阳市南明区规划局 提供）

图6-2-10 市民休息廊图片（来源：黔东南州规划局 提供）

图6-2-11 印江中州凉桥（来源：黔东南州规划局 提供）

图 6-2-12 凯里体育场（来源：黔东南州规划局 提供）

图 6-2-13 凯里博物馆（来源：黔东南州规划局 提供）

图 6-2-14 布依铜鼓作入口标志（来源：赵晦鸣 提供）

图 6-2-15 贵州龙化石（来源：贵州省文化厅 提供）

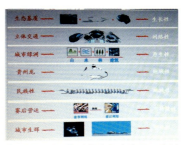

图 6-2-16 贵州龙分析（来源：贵州省建筑设计院 提供）

自古崇拜并珍惜铜鼓。铜鼓是我国南方少数民族象征权力、地位和财富的礼器，也共同构成了璀璨的贵州民族铜鼓文化。苗族将铜鼓象征祖先、太阳、生命和水；侗族的图腾崇拜与水稻文化有着密切的关系；布依族非常珍爱和崇敬铜鼓，它是布依族人的礼器，又是财富和权力的象征。

布依文化展示中心利用铜鼓作为入口主要标志，显示铜鼓在布依人心目中的地位，因其精神内涵存在，具有文化性和传承性，同时具有相应的地域性及族群特征，作品富有浓郁的地方民族色彩（图6-2-14）。

（四）贵州龙

贵州龙化石是沉积岩中因上古地质活动所掩埋的动、植物，经长期石化而形成的地下化石型地文景观，是贵州地域有影响的地理文化元素符号。

贵阳奥林匹克体育中心设计方案以贵州龙化石作为形态构思立意，以全新的现代方式塑造传承悠久历史传统文化的意蕴（图6-2-15~图6-2-18）。

二、建筑元素拼接

元素拼接是对传统建筑符号、构件、纹样等先进行解构拆分，然后按照新的构建秩序和美学原则进行重新拼接组合，将传统构件繁复的外在表达形式剥离、剔除，并对选中保留的构件进行简化表达，并运用到建筑造型的局部和细部装饰中，以体现对传统的传承。在贵州汉族和黔北、黔东北等地区最为显著的建筑形态特征是坡屋顶、穿斗构架、天井、门窗、

图 6-2-17 奥体贵州龙（来源：贵州省建筑设计院 提供）

图 6-2-18 贵州龙 奥体方案（来源：贵州省建筑设计院 提供）

栏杆、封火墙、传统纹饰等细部丰富形态的特色元素。当代建筑创作中，直接传承还体现在对传统建筑装饰元素的借鉴与运用上，建筑细部通过对丰富形态的特色元素符号的运用，来体现传统建筑形态和地域文化特征。对传统建筑文化传承与表达，可以充分体现蕴藏在传统建筑形态中的地域特色。

（一）重檐屋顶

铜仁傩文化博物馆、湄潭中国茶城、荔波遗产展示中心、剑河县办公楼等建筑，地处民族区域或民族自治县城，为适应周边的环境，设计因地制宜，运用和借鉴传统建筑中的重檐屋顶，以传统建筑风格表达对传统建筑的传承，并且在建筑的屋顶、廊子、门楣、窗楣等部位再现传统建筑文化符号。屋面高低起伏的天际轮廓，层次丰富的建筑造型，体现与旧城建筑肌理和谐融合。在意象表达上，博物馆继承了传统民居质朴自然的美学理想和对立统一的自然法则。单纯、统一的建筑色调，也体现传统建筑的虚实对比。

荔波遗产展示中心吸收干阑式民居整体架空的处理手法，设计在注意有形形态塑造的同时，在采用坡顶、高墙形态之外更重视意境和氛围的表达。屋顶以重檐歇山为主，结合悬山和盝顶，檐角采用飞檐与屋脊翘角相结合。

立面柱、梁、枋外露，结合地形地貌，采用"吊脚楼"形式，同时使用砖、瓦等当地常见的传统建筑材料作为建筑主要选材，并尝试当代表达。设计以表现主义手法表达崇高的人文精神，唤醒人们对历史环境的记忆（图6-2-19~图6-2-23）。

（二）坡屋顶

板桥镇红军小学、索玛花度假酒店、遵义子尹广场周边商住建筑等项目，运用坡屋顶、白粉墙，突出贵州民居黔北地区建筑风格的共性，但设计将传统的坡屋顶进行巧妙的变化后，使之呈现出当代感，但又蕴含地域文化特色。

板桥镇红军小学设计采取了三方面对策，一是融入周边环境：为尊重周边环境，建筑尽量压低高度，缩小体量，并饰以灰白相间为主的色面构成建筑立面肌理，使现代中学校园建筑融入周围环境之中。二是塑造和谐校园：在有限校区用地范围内，做到布局紧凑并充分利用空间，使局促、凌乱的旧校区变成宽敞和谐的校园空间。三是营造温馨的室内空间氛围：将充满阳光、绿化的空间引入教学区，使原来阴暗、沉闷的教室变成明亮、温馨的室内空间，增添温馨的教学气氛。建筑以求得现代建筑地域化和地域建筑现代化，设计吸收黔北民居风格：采用小青瓦、坡屋面、穿斗式，白粉墙、三合院、小朝门等元素符号，通过材料的虚实对比及抽象的建筑符号，融现代感与地域性为一体，建成后并取得较好的效果（图6-2-24~图6-2-30）。

图 6-2-19 黔东南岩洞花桥（来源：黔东南州规划局 提供）

图 6-2-20 荔波遗产展示中心（来源：王春 提供）

图 6-2-21 湄潭中国茶城（来源：铜仁地区规划局 提供）

图 6-2-22 剑河办公楼重檐屋顶（来源：罗德启 摄）

图 6-2-23 铜仁傩文化博物馆（来源：铜仁地区规划局 提供）

图 6-2-24 板桥镇红军小学陈列馆（来源：遵义地区规划局 提供）

图 6-2-25 山墙坡顶（来源：遵义地区规划局 提供）

图 6-2-26 索玛花度假酒店（来源：王鑫 摄）

图 6-2-27 黔西北彝坡顶元素组合门楼（来源：毕节地区规划局 提供）

图 6-2-28 二滴水屋面（来源：《贵州民居》）

图 6-2-29 遵义市老城区商住楼（来源：遵义地区规划局 提供）

（三）封火墙

镇远县城商住楼、安顺紫云紫阳新城、遵义县三省大酒店、碧江天一私宅等建筑，吸收传统民居的马头墙元素符号，使小区及酒店建筑的整体意象给人传递有传统文化的印记，体现建筑特色。

镇远府城沿河主街北侧至山腰，有一片带封火墙院落民居群，分布在巷道两侧，多建于明清年代，为保持与旧城空间肌理融合，镇远县城新民居楼、商住建筑等采取封火墙和马头墙的传统，延续传承华夏传统的物象，保持旧城的历史风貌特色（图 6-2-31~图 6-2-36）。

图 6-2-30 遵义子尹广场周边建筑群（来源：遵义地区规划局 提供）

图 6-2-31 封火墙（来源：罗德启 摄）

图 6-2-32 印江县农村信合大楼（来源：印江县建设局 提供）

图 6-2-33 民宅（来源：遵义地区规划局 提供）

图 6-2-34 运用马头墙（来源：遵义地区规划局 提供）

图 6-2-35 紫云紫阳新城（来源：遵义地区规划局 提供）

图 6-2-36 镇远县县城夜景（来源：遵义地区规划局 提供）

图 6-2-37 青岩门头（来源：花溪区规划局 提供）

图 6-2-38 剑河门头（来源：罗德启 摄）

图 6-2-39 荔波门头（来源：罗德启 摄）

（四）门头披檐

在贵阳青岩古镇、荔波、剑河县城等地建造的新建筑，是一组青砖建筑群，外观质朴、厚重，既有传统特色，又有鲜明现代感。在建筑主入口，采取做门头披檐的方式作为入口标志，运用传统的青瓦坡顶元素符号，设计所反映的地方传统所对应的中国范式装饰，但也不具象、全面地沿用。建筑师选择在门窗洞口边等重点部位布置几何装饰，而其他绝大部分就做到最简，套用了传统民居的构件，着墨不多，经材料组合后，对传承文脉起到点睛的作用（图6-2-37～图6-2-39）。

（五）装饰图案

贵州文化资源丰富，服装和手工艺品作为贵州少数民族文化的载体，代表着贵州民族历史长河发展中积累的文化。贵州少数民族文化元素，吸收了各时期的典型图案，演变抽象为各种符号，反映各个时期的特征，为环境艺术作品融入贵州文化元素创造了条件。如图腾崇拜文化、精湛的蜡染、刺绣工艺、民族文字符号等，都可以作为创作的素材运用于建筑中。

贵州一些少数民族以图记事，运用图腾文化以图腾聚族，内涵丰富。建筑选用挑花、刺绣、蜡染等图案，反映农耕、狩猎等各民族的文化，运用在建筑外墙构架的重点部位，形成统一独特的风格。

贵阳北铁路枢纽站，层层叠叠的水平线条地域文化意象提炼来源于花桥和鼓楼的形态抽象，穿孔纹路肌理取材于少数民族刺绣的纹样，泛光照明灵感也源于鼓楼下灯笼的喜庆寓意。白天银灰色铝板大面凸显、暗红色线条勾勒，整体风格现代大气；夜晚时泛光将巨柱照亮，白里透红，犹如盏盏灯笼，与高架候车厅内透光的璀璨交相呼应，整体氛围吉祥喜庆，设计巧妙地结合了贵州的地域性和时代感（图6-2-40）。

镇远剧场及市政府大楼、省图书馆等公共建筑外墙浮雕，都是采用极富民族特色的题材作为装饰元素，增添了建筑的民族特色。

贵州省图书馆借鉴侗族干阑建筑架空形态特征，在基座

图6-2-40　贵阳铁路北站（来源：中铁设计院 提供）

上支承梁柱，下虚上实，突出梁头，显示传统干阑民居木结构韵味。建筑外墙大面积应用多种民族文字及龟甲、石板、竹筒、帛书和纸书等各类书籍形式，外墙面通过元素组合，以贵州民族传统图案为浮雕，雕刻在大理石外立面上，作淡蓝色镶边，寓意各族文化的共同繁荣。整体色调以贵州各族人民喜爱的青、蓝为基调，冰清玉洁。以多种内外装饰手段，极力造就清纯灵秀、自然朴实的气质，建筑既隐含有厚重的文化精神又富简洁明快的现代含义（图6-2-41、图6-2-42）。

建筑色彩和建筑造型、材料一样，可以作为表达建筑的地域性和文化性的元素。不同的地区，不同的民族对色彩使用习惯各不相同，形成地域性的建筑色彩文化。装饰图案作为石浮雕素材，使作品整体清纯灵秀、自然朴实，具有厚重的地域文化内涵（图6-2-43、图6-2-44）。

穿青商业用房、贵阳开磷总部办公楼，取材少数民族窗格花纹样饰，用于外墙面装饰，并多次重复使用，构成四方连续图案，极富有民族特色（图6-2-45）。

凯里城市广场、黔南民族师范学院中心广场铺地，图案素材都采用少数民族传统元素精湛的蜡染、刺绣工艺纹饰作为铺装，与校园的建筑空间融为一体，以表达建筑的地域性和文化性（图6-2-46、图6-2-47）。

黔南州的水族、布依族都是典型的水边民族，主要服

图6-2-41 黔东南镇远县剧场（来源：黔东南州规划局 提供）

图6-2-42 省图书馆（来源：贵州省建筑设计院 提供）

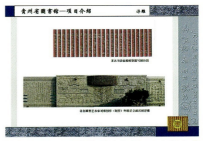
图6-2-43 图书馆浮雕（来源：贵州省建筑设计院 提供）

图6-2-44 黔南师院水族水波文装饰墙（来源：赵晦鸣 摄）

图6-2-45 穿青族商住楼（来源：黔南州规划局 提供）

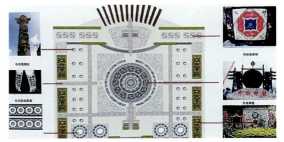
图6-2-46 广场运用元素（来源：黔南州规划局 提供）

图6-2-47 黔东南凯里广场长桌酒（来源：黔东南州规划局 提供）

图6-2-48 开磷大楼（来源：阮志伟 提供）

图6-2-49 世博会贵州展示馆（来源：贵州省建设厅规划处 提供）

饰色彩清纯，以蓝白两色为主，配以精致的银饰。民族师院建筑总体色调以蓝白、银灰色为主，再饰以精巧的金属构件。校园广场铺地用蓝白底的水波纹广场砖铺设，建筑台基栏杆或取灰白色石灰石雕饰，或取汉白玉点缀，达到了完美统一的意境。大片绿茵草地铺在蓝白建筑的周边，把精致的建筑托起；广场中心铺设了一组五彩花坛，形成主轴，显得青春活泼，体现现代民族大学校园的特色。上海世博会贵州展示馆建筑造型吸取苗侗民族建筑及装饰符号元素，塑造出极具贵州民族地域特色的，展馆形象（图6-2-48、图6-2-49）。

三、传统空间移植

传统民居是能够有效保存和展现本民族文化记忆与特色的物化遗存。其存续与演变反映着民族文化的传承与变迁。当代建筑空间从尺度、比例、人的体验等多方面呈现出多样化演化发展的态势。院落、灰空间、街巷空间……。建筑是组织空间的艺术，空间是建筑的灵魂。这方面例证很多，诸如㵲阳河纵贯镇远东西，一江将城区一分为二。一府、一卫将镇远城区空间形成了一幅太极图像。民居建筑依山而建或临水而居，城市魅力就在于丰富的街道空间。

（一）天井

传统民居作为民族文化之重要容器，依然以各种涵化、符号化形式存留于各民族建筑文化中，成为民族传统文化的关键性要素。在中国传统民居中，增加建筑两边的侧翼，形成一个采光天井，这是空间处理和光的完美结合。来自天井的天然光线，把人们的视线从琐碎的家庭杂物中，引向外部庭院的景致。

赤水红军烈士陵园展陈馆，位于赤水市城区南郊杉树坝红军烈士陵园内，建筑功能以陈展红军先烈们的事迹、遗物、雕塑以及作为纪念和革命传统教育的场所。建筑积极利用场地高差和环境特质，将纪念建筑中性化塑造，使之融入山体公园的日常休闲系统中，是"开放式纪念"理念的具体表达。设计继承中国传统的天井形式，环绕天井，不由地会使人们触景生情，联想先烈们的悲壮情境，在无言中和不经意的状态下，对观赏者起到革命传统教育的作用。

纪念空间设计以"压低"与"高远"为意向；刻意组织具有三种功能特性的天井（仪式性的、诗性的、崇高的）穿插到展陈场馆中，从而塑造一种有序列的纪念性空间氛围，给人以精神意念，并通过观展从中受到教育。

建筑物墙体通体刷白，地面满铺红色丹霞石，设计将物质表现压到最低。并采用便利易取的建筑材料和砖混结构，由当地的能工巧匠施工，设计简化节点构造的难度，达到降低造价的目的，同时也更加显现地域建筑的乡土魅力。该项目获得2012年全国人居经典建筑规划设计金奖和2013年中国建筑设计奖（建筑创作）银奖（图6-2-50）。

（二）庭院

贵州省图书馆、省政府5号楼等建筑，都是采取设置内庭院的方式解决通风、采光以至创造一个良好的景观环境。

贵州省图书馆在贵阳市中心，北临主干道设主入口，西为报告厅入口，东有儿童阅览室。裙房4层以下为各类公共场所，第4层有屋顶花园，第5层为专家阅览和办公，5层以上塔楼至17层，均为书库。

设计利用贵州宜人的气候条件，积极推进节能建筑设计，充分利用有利的自然条件，降低能耗，将"生态建筑"的理念引入到设计中来。

高层建筑裙楼内设置内庭院是设计的特色，让阳光、空气直接照射到内庭院。使底层的大阅览室直接与自然接触，周边敞廊向内庭院开敞。内院布置有小桥流水、游鱼水景、绿色植物，设计以夜郎文化为内容的内庭地面铺装，让读者在这里享受自然的乐趣。裙楼各层大部分阅览室可直接享受到这个自然环境。由于内庭院有良好的自然通风、采光功能，热天室内不用设空调，节约了建筑能源。裙楼的第4层设有屋顶花园，图书馆内庭的采光天棚，阳光直射于大厅内各层平台，为读者创造了一个温馨的阅读环境（图6-2-51~图6-2-54）。

（三）院落

房前、屋后、宅旁和半隐蔽的花园是中国传统民居空间处理的特征，把不具备室外空间形态的单栋房屋加上围墙、连廊、树木、花架等，以营造室外的闭合空间，这是中国民居院落的传统手法，院落多为建筑实体围合，少数采用墙体围合。院落注重防御功能，对院落内部的保护性较强，这种形式在单体别墅至今还在继续延用。

当代建筑中，这种传统的建筑材料和营造方式并没有被遗弃，有时候在建筑师的建筑设计中还特意被保留和发展。车田村是一山地石头村落，村落建筑整体成平行条形单元的空间结构，贵安车田游客接待中心以"砖混+传统石砌+框架"的结构形式，以及用砖和当地石材、混凝土、清水混凝土挂板等材料，并以现代的语言和手法将建筑沿开阔地与河流平行退台布置。建筑设计做到功能空间多样化，采用院落式布局，简单的形体通过院落的穿插和空间的收放形成丰富的空间层次。接待中心的各功能用房被安排在"L"形体量中。它们之间分别插入3个天井式内院，设计采取移植传统民居中的"院""巷""堂"的传统空间模式，导入院、巷、堂的控制模式作为空间生成机制，以"L"形的平面布局方式，形成了室内与室外，建筑与自然的反复叠加。完成各自的空间构成：即：直面交叉口空

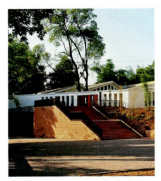
图6-2-50 主入口透视（来源：魏浩波 摄）

图6-2-51 贵州省图书馆内庭（来源：赵晦鸣 摄）

图6-2-52 贵州省图书馆内庭（来源：赵晦鸣 摄）

图6-2-53 贵州省政府5号楼内庭（来源：程鹏 提供）

图6-2-54 贵州省政府5号楼内庭（来源：程鹏 提供）

图6-2-55 车田旅游服务中心鸟瞰图（来源：魏浩波 提供）

间为"院"，通体白色粉刷，作为入口过渡空间；基地最长地段为"巷"，通体石头砌筑，曲折通幽；体量最大的建筑空间为"堂"，作为游客中心的主功能区使用，"L"形转折将三部分咬合成一个整体。建筑通过功能空间和外部庭院的设计，体现着简洁粗犷的形象。这些手法都与传统建筑形式相呼应。这种功能模式，既保持了列与列之间相对独立，又获取了平行组合所具有的匀质性和整体性。建筑处理以白色粉墙与深灰块石墙的搭配，大实墙、小洞口，以及屋面层叠的石板瓦，隐含有传统村落的肌理，又具有重峦叠嶂的寓意，建筑尺度适宜、色彩简洁明快、清新淡雅、整体统一而又富于变化，充满体块感和现代感。设计者将自己对村落的印象抽象成风格化建筑，用砖墙之间的独特语言阐释了现代都市人对乡村的精神向往。构想来自对于基地上原有自然村落有机形态的分析，也为我们更好地传承民族地域文化提供了一个示范窗口（图6-2-55）。

图6-2-56 贵阳一中院落空间（来源：观山湖区规划局 提供）

图6-2-57 黔南民族师院（来源：赵晦鸣 摄）

图6-2-58 贵阳市行政中心（来源：观山湖区规划局 提供）

行政中心建筑组群，嵌合于中央花园广场四方布置的同时，各自单体也采取内庭院形式，庭院围合的形体方正简洁，景观绿化环境优美、富有生机，中庭与外部空间彼此渗透、相互融通，具有鲜明的中国传统建筑空间意象（图6-2-58）。

总之，无论以何种方式传承，都要求建筑师更多地吸收传统建筑形式和传统文化的精髓，将传统建筑文化特性与现代技术相结合并融入建筑创作中，体现贵州当代建筑的民族传统和地域文化特色。

贵阳一中、黔南民族师院建筑总体布置借鉴传统民居的院落式布局，将教学楼和辅助用房以连廊连接围合布置，形成多个院落空间，为不同年级学生课间休息，提供各自独立的活动场所（图6-2-56、图6-2-57）。

金阳新区市级行政中心，用地北高南低，面向南侧大道，其核心办公区按部门性质规划为四幢独立建筑，围绕中央花园广场作四方四合的均衡布置。办公楼围绕花园式景观中轴对称布置，前两幢与南侧斜面花园契合，后两幢以高敞的景观长廊相连。

整个行政中心的主轴是一条花园景轴而非建筑中轴，其核心以四方四合的形态构成了真正意义上的花园合院式行政区，体现庄重、方正意象的同时，更多地表达了亲和、开放、沟通、恬静、优美的花园行政社区的新理念。

第三节 元素变异

元素变异是指对某种文化符号的原状和结构，通过异质因子紧密凝聚，局部拉伸、扭曲、展开或压缩等变形处理，形成夸张、显化、张扬的符号形态，使原有形态发生变化，衍生出具有特点的崭新形象，构成强烈的视觉冲击。换言之，是将传统建筑符号、构件、纹样等，放弃原有外形特征，提炼其精神内涵，采用现代手法重组，以新的方式展现具有个性特色的建筑效果和人文精神，以其新的精神含义表达对传统文化的传承意向。如布依族蜡染纹饰的变异重构、苗族蝶形文化符号变异后在建筑中的运用等，因其精神内涵的存在，变异重塑的外形特征仍然具备传统和地域性文化特征（图6-3-1~图6-3-3）。

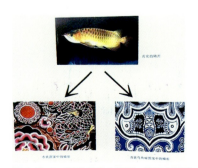

图6-3-1 变异组合（来源：申敏 提供）

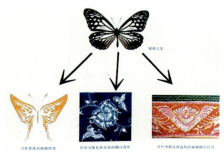

图6-3-2 变异重组（来源：申敏 提供）

图6-3-3 某大楼立面局部大样（来源：申敏 提供）

一、形态变异

顺海林场别墅,马岭河峡谷服务中心、省民族文化宫等建筑,设计通过建筑形态变异的方式,形成新的具有时代特色的建筑效果(图6-3-4~图6-3-7)

贵州省民族文化宫位于贵阳市筑城广场东区,主楼为24+1层的塔式高层建筑,两旁配楼对称布置,主楼、配楼、塑像共同强调了广场主轴线的重心所在。设计采取形态变异的手法,将主体平面设计呈三叉形,形成三叉体三个立面轮廓都成"山"字形的地区特点。立面造型以侗族鼓楼通过形态变异的手法,使三叉平面每层的端部檐廊逐层收束呈曲线状,塔顶观光亭吸收鼓楼六角重檐顶盖元素,形成丰富的天际轮廓。

变异后的体型活泼,与现代材料结构以及细部、色彩等诸多元素的综合运用,显现建筑师追求"贵州、民族、文化"的意向。曲线柔和富有变化的建筑形体,变异后的形态呈现有侗民族的精神内涵,既体现有时代感,又具有浓郁的民族和地域文化特色(图6-3-8)。

二、构件变异

黔南是苗族布依族自治州,民族文化丰富、深厚,特色鲜明,是最大的水族世居聚居地,也是苗族、布依族世居的聚居区。贵州黔南民族师范学院入口大门和教学楼,整体建筑设计构思借鉴干阑式建筑语汇,吸取传统民居梁柱穿插的营造方式,运用现代手法对坡顶、构架、梁、枋、柱等传统构件元素进行变异简化,使重组后的原有形态发生变化,衍生出具有特点的崭新形象,构成一幅群体轮廓高低错落,建筑立面构图虚实相间,总体色调以蓝白、银灰为主色调的校园形象,建筑群显得素雅大方,既富有鲜明的时代特征,又不失民族传统文化的韵味,以其新的精神含义表达对传统文化的传承意向(图6-3-9)。

水族、瑶族民居一般挑檐深远,且山墙增设挡雨披檐,四周加设腰檐,形成双重屋檐的建筑造型,俗称"二滴水"。荔波支线机场航站楼及荔波汽车站建筑立面造型取材于瑶族民居的"二滴水"重檐;顺海林场别墅、铜仁机场立面设计构思取材于瑶族民居的"叉叉房",四座建筑设计手法的共同之处是都放弃原有的传统外形特征,提炼其精神内涵,通过将原有构件变异重组后,建筑造型以崭新的特征展现,具

图6-3-4 顺海林场别墅(来源:贵州省建筑设计院 提供)

图6-3-5 顺海林场(来源:贵州省建筑设计院 提供)

图6-3-6 省民族文化宫(来源:罗德启 摄)　　图6-3-7 某服务中心坡顶变异(来源:黔西南州规划局 提供)　　图6-3-8 大门局部(来源:赵晔鸣 摄)

有个性特色的建筑效果令人耳目一新，设计注重建筑物形体和立面的处理，使建筑物既展现现代建筑的简洁大气，又体现传统建筑空间的意境，同时注重整体比例和材料组合以及主要细部的刻画，使建筑展现出一种精致与典雅的美感，构成强烈的视觉冲击。由于其精神内涵的存在，变异重塑后的外形特征，仍然蕴含有传统和地域文化的精神内涵，以新表达的形象特征，体现对传统文化的传承意向（图6-3-10、图6-3-11）。

贵阳海关大楼，建筑顶部设置有传统的大钟塔，塔楼装有8.5米直径的四面大钟，内设电声喇叭，能以清脆悦耳的声响报时。钟楼顶部造型借鉴侗寨鼓楼楼顶元素，设计通过对鼓楼顶的变异，运用到海关大楼具有鲜明的时代特征，又隐藏有民族传统文化的内涵（图6-3-12）。

"省老干活动中心"位于贵阳市城北，是提供老年离退休干部康乐活动的休息娱乐场所。建筑依山就势、采取传统的庭院式布局方式，四周以回廊连接，是一组错落有致、伸展自如的山地庭院建筑群。

建筑主体的屋顶取材于传统建筑的四坡顶元素，设计通过运用构件变异的手法，将传统坡顶局部压缩切割，变为平缓的幕结构屋盖形态，并将锥体坡屋顶在建筑群体布置中重复运用，产生韵律感，营造出一幅具有诗情画意的空间景象，借助变异后的建筑形象，传递传统建筑文化的精神内涵（图6-3-13）。

三、纹饰变异

由于根植有民族传统文化的核心内容，具有代表性的民族纹饰元素，对其形态解构变异能够取得大众的认同。贵阳海关检疫大厦的立面造型即来自蝴蝶纹案的解构变异（图6-3-14）。

观山湖区办公楼重复运用几何图案元素组合手段，构成韵律极强的外墙面装饰，简洁明快，立面造型试图诠释手工织锦的花纹样式，流动有韵律。这种表现从形体到表皮都是现代的，使建筑具有很强的现代性，可以形象地表达建筑的时代气息（图6-3-15、图6-3-16）。

印江体育场于看台后部设计有一圈回廊犹如一条长龙，

图6-3-9 第四、五、六教学楼（来源：赵晦鸣 摄）

图6-3-10 铜仁机场（来源：贵州省建筑设计院 提供）

图6-3-11 二滴水（来源：荔波规划局 提供）

图6-3-12 屋顶变异（来源：罗德启 摄）

图6-3-13 屋顶变异（来源：贵州省建筑设计院 提供）

图6-3-14 蝶形变异海关检疫大厦(来源:贵州省建筑设计院 提供)

图6-3-15 观山湖区某办公楼(来源:观山湖区规划局 提供)

图6-3-16 元素重复韵律(来源:观山湖区规划局 提供)

图6-3-17 印江体育场(来源:黔东南州规划局 提供)

回廊结束的端部位于主入口上空,形体上翘,变异后的形态抽象,传递有牛角的精神内涵。建筑外墙的楼层构架,装饰有民族织锦纹饰元素变化提取的装饰图案,建筑细部采用苗、侗民族的斗栱、垂花吊柱构件装饰。整个建筑造型轻巧通透,具有浓郁的民族文化气息(图6-3-17)。

第四节 异质交融

在保留部分传统建筑功能的前提下,融入新的使用功能,异质元素有机融合。建筑文化历来就有渗透融合、趋同回归的交替现象,导致世界的"全球化"与区域的"本土化"双向发展;地域性、民族性在一定条件下可以转换为国际性文化,国际性文化也可以被吸收和融合为新的地域与民族文化,两者可以对立互补,在相辅相成中演绎成均衡、多元化的格局。异质交融是通过异质文化因子彼此融合,以现代手法重组,和合共生,通过与这些元素的融合,把建筑蕴含的文化价值展现出来。变异后的形态由符号象征演进到形式抽象,使原有形态衍生出具有时代特点的崭新表达。

一、建筑与环境融合

任何建筑都处于特定的环境之中,因此,建筑不仅应该具有一个适宜的形态,要在形态上适应环境,而且更要深入地体会建筑与环境的相容性,包括历史环境、社会环境与自然环境,建筑与环境结合是体现建筑文化和生态理念的重要内容。

(一)尊重环境

当前推行的"红色旅游",可以归属于大事件记忆型旅游方式,其运作机制的要旨是通过旅游,"唤醒"红色记忆、"书写"当代感言。

赤水·丙安红一军团纪念馆,建筑面积284.6平方米,生成空间是挤在一堆传统老屋中,如同当年窝在民间的老宅。纪念馆与老屋平行布置在一个条形群体空间中。设计以融合的建筑理念,将纪念馆融合到民间老宅中,通过采取通透性的连接通道和光的幻象意境,使狭小的陈列空间达到小中见大的效果,也使建筑内部陈列内容最终取得较好的展示效果。

室内设计采用密集的木条装修,提醒人们"前事不忘,后事之师",鼓励人们怀揣信仰,执着向前,无言地为我们倾诉着世间沧桑,为铭记过去,为执着现在,为瞻仰未来。侧窗镶嵌磨砂玻璃,营造窗外朦胧的光影,窗内采用散光源,以制造一种幻象退晕意境和效果。天窗局部使用红、黄强烈色彩,室内空间因光与色的互动,观展环境变得亢奋激昂。建筑中部呈"V"形起翘,形成高侧窗采光。设计还采用原危房回收的旧板材,经处理后用于建筑外墙装修,使纪念馆建筑外形、色彩、材料与建造方式,均体现与周边老屋总体

图 6-4-1 赤水一军团纪念馆从半山鸟瞰纪念馆（来源：魏浩波 提供）

图 6-4-2 二层陈列厅局部（来源：魏浩波 提供）

图 6-4-3 百花山庄（来源：刘建德 提供）

环境的融合协调（图 6-4-1、图 6-4-2）。

贵阳百花山庄建筑位于风景名胜区。总平面布置依山傍水，保留原有树木植被，设计吸收传统民居建筑的元素，不等坡屋顶、白粉墙，建筑群体布置高低错落，若隐若现融合在青山绿水之中。交融青山绿水的环境之中，充分体现建筑设计尊重环境，与环境和谐共生的设计理念（图 6-4-3）。

六盘水卧云旅游接待中心、六盘水美术馆、兴义万峰林会议中心、兴义康复医院等建筑设计是展现建筑顺应环境、利用环境与环境交融的山地建筑理念。建筑犹如悬浮于大山为背景的山丘高处，在茂盛的树木与山脚的水面相映下，空旷而浑厚的建筑背景增强了博物馆的沧桑感与历史感，让人感受到特有的建筑氛围，极富有环境色彩。新建筑在要求提供充足使用面积的同时，致力于打造自然、亲和、富于人文气息的空间环境。设计并没有破坏祥和、安静的环境氛围，通过建筑形态、体量和场所来表达一种更加高级、更具有精神气息的设计手法，传达更深层次的文化内涵，而是尊重自然环境、利用自然环境，建筑几乎消隐在群山之中；与环境融合为一体，表达了保护环境的意识和体现生态设计的精神理念，同时通过建筑元素的抽象表达来体现建筑的民族性和地域性（图 6-4-4~图 6-4-7）。

贵州织金洞接待厅，建筑位于岩溶洞穴入口前区山腰处，设计尊重环境，建筑依山就势、因地制宜，力求与自然环境和谐共生。设计以"石魂"作为构思立意，重视对自然环境景观的利用，建筑总平面布置采取倚山骑石，保留了一组巨石，将建筑骑于巨石之上，构成倚山骑石的交融情景。屋面坡度与山坡走势一致，将屋顶覆土植草，使整座建筑融于大山之中，隐去了一切人工痕迹。并且设计始终将建筑处于从属地位，让位于自然山体。在磅礴的高山面前，建筑顺势而退，犹如一块"岩石"嵌入大山之中。建筑材料取自当地山石，柱廊列柱以粗料石贴面，除必要的对比材料外，完全就地取材于自然山石。设计多次现场勘测，总体布局保留了一组原生态巨石，并作为自然奇景题材，点缀于接待厅的室内空间，使室内环境更增添了"幽"、"美"、"净"的意境，达到自然简朴、粗犷别致的空间效果以及平和恬静的空间氛围。设计以简约的手法，多现无为而治的生长感和延续感，使建筑融入广阔的自然环境之中，体现建筑与环境的和谐共生（图 6-4-8~图 6-4-10）。

在距离不到一公里的地方，是著名彝族首领安邦彦的官邸，设计将彝族文化元素也运用于建筑之中，大厅内的图腾柱浮雕主题，以天上七十二星宿的名字为内容，取材于彝族文字，立柱正中表达的是彝族守护神资格阿洛。建筑虽然着墨不多，却足以反映出黔西北地域山地建筑文化的民族特征。

省民主党派活动中心建筑以"纳谏之门"的造型寓意政协广纳民意的内在含义，由于场地的限制，从城市道路到建筑之间的空间相对比较局促，不容易形成具有序列感的仪式

图6-4-4 "卧云"六盘水旅游接待中心（来源：六盘水市规划局 提供）

图6-4-5 六盘水市尼广场（来源：六盘水市规划局 提供）

图6-4-6 六盘水（来源：六盘水市规划局 提供）

图6-4-7 六盘水美术馆（来源：六盘水市规划局 提供）

图6-4-8 织金洞接待厅（来源：罗德启 提供）

"石魂"为主题，粗犷、自然、朴实；室内装修运用传统元素，体现地域文化内涵。

保留一组山石
建筑"依山骑石"

图6-4-9 石魂（来源：罗德启 提供）

彝族文化石雕柱式

彝文雕刻着墨不多，但足以体现建筑与自然共生和民族地域文化的韵味。

彝族文化石雕柱式

图6-4-10 彝族文化石雕柱式（来源：罗德启 提供）

图 6-4-11　省政协大厦（来源：张晋 提供）

图 6-4-12　省政协大楼（来源：张晋 提供）

性空间。于是在建筑总平面布局尊重环境，顺应道路的弧形曲线肌理进行布置，规划将城市的元素引入建筑之中，建筑的外立面采用均质的肌理统一主要墙面，同时裙房的"横"与主楼的"竖"形成了鲜明的对比，主楼顶部构架处理，产生出轻盈通透的效果，给建筑稳重的整体形态又增加了一些动感和时代感。建筑的外立面采用竖条窗，南向开窗面积比较大，可以更好地接受自然采光的要求。其整体大气的造型与具有韵律感的细部线条相得益彰，互为添彩。这说明在不同的地区条件下，应该有不同的建筑形态空间布局。使建筑融合在特定的城市空间环境之中，方能使建筑与环境协调和谐，达到统一完整的效果（图 6-4-11、图 6-4-12）。

（二）重塑环境

历史文化，是塑造建筑特色之灵魂。文化传统是城市文化的积淀，历史建筑和历史环境可以反映城市发展演变的历史与文化，映射出地方的传统文化和民族文化。海龙囤雄踞在巍峨的大娄山东支的龙岩山上，历史上是一个以关隘、城堡为主体的防御建筑设施，是西南地区宋明军事城堡的典范，也是宋、元、明时期西南播州杨氏土司的重要遗存。海龙囤展示馆充分利用山体自然地形形态之利，建造海龙囤展示馆，重塑山脚峡谷幽深，白沙水环绕的环境氛围，以让人们记忆和联想杨氏统领播州 724 年的历史事件。在景区的设计建造中，坚持传承传统特色的建筑风格，以及构建石砌建筑自然朴素的建筑底蕴。设计对传统石、木、竹材在建筑中的运用，对地方材料的不同应用方式，能塑造出彼此相异却连贯、一体的空间感受；并在追求空间创意的同时，也保持对当地文化的尊重。并将室外环境、建筑内部环境和建筑三者有机结合在一起。做到建筑和建筑中景观完美融合。使"天人合一"的理念体现在人和自然的和谐共处，营造出亲切宜人的建筑品质。此外，保留和挖掘海龙囤的非物质文化遗产，历史、人文、宗教等多种特色民俗文化元素，建立生活基础设施，完善旅游服务设施，开发特色旅游资源等成为设计的主要目标和标准。融合了历史传统文化与建筑形式的肌理，承载了民族独特的历史文化，重构海龙囤的传统文化脉络，给人以厚重沉稳的建筑感受（图 6-4-13、图 6-4-14）。

贵州关岭国家地质公园，建筑布局遵循原有地形地貌，力图重塑原有自然环境氛围。设计采用地方传统石、木材料，隐含屯堡文化内涵。用青石板铺设广场地面，建筑造型以粗犷、厚重贴近原生态的石料为主，沿山体周边建筑之间以铺设木栈道方式连接，不仅有丰富的内部空间与流线，而且外部流线简明有序，保持自然环境的原生氛围。沉稳厚实的建筑形体给人最直接的建筑感受，严整的形体是对传统建筑文化的表达与延续，青灰的颜色及平和的体量体现出富有历史韵味并且朴实无华的建筑性格。建筑整体亲近自然，进入基地犹如置身于远古时代的环境氛围之中，唤醒参观者对远古环境的联想，也表现出人类可以重塑自然、改造自然的实力（图6-4-15、图6-4-16）。

图6-4-13 海龙囤展示中心（来源：遵义市规划局 提供）

图6-4-14 海龙囤展示中心（来源：遵义市规划局 提供）

图6-4-15 关岭地质博物馆（来源：贵州省建筑设计院 提供）

图6-4-16 关岭国家地质公园（来源：贵州省建筑设计院 提供）

（三）回归自然

当代生态建筑理念的思想内核，实际上是对传统建筑中"天人合一"思想的延续和回归，倡导与自然和谐共生。然而不同的是，当代建筑通过对传统的朴素生态观的发展与创新，结合地域性因素，采用新材料和构造、节能技术、空气流通集散系统、太阳能供热供电、雨水收集和水循系统等措施，使建筑更加生态友好、更加可持续。因为功能和形态的巨大改变，当代建筑与传统建筑相比，面临着更多、更复杂的自然环境条件。当代建筑往往期望在"人"与"自然"中找到新的平衡点，在传统地域文化中加入结合时代发展而出现的新的文化与思想，传达更为丰富的地域文化意象。回归并不是对地域传统文化简单重复，而是批判地继承与创新。

贵州北部以丹霞地貌为主，地域特征是绿山赤水。位于赤水市的丹霞世界自然遗产游客展示中心，建筑外表采用丹霞石以及传统石材建造。建筑基地有山有水，山体生成着红色丹霞石，地质形态呈现逐级向上的平行台地，具有明确的山体脊线特征。场地秩序呈现为垂直山体主脊线的平行退台形式。建筑设计采取平行＋围合向心同构的方式建构，营造回归自然的环境氛围。从远处看，水平向的规整体块布置再加上外立面比较自然粗野的颜色，建筑并不张扬，而是恰当地融合在整个环境中。

设计以平行同构手法，将游客中心内部办公空间斜靠在山体上，作为第一层级组，白色"U"形基座的游客服务空间组合成第二层级组。建筑形式呈现出倾斜向上的红色丹霞屋顶与纯白色基座，两者互相呼应。

由于展示中心地处不同标高的台地，各功能单元，根据流线随山势呈台地式布置，并通过环形路径串联，围绕庭院整合成一个向心特征的空间体系。屋面因循山势，形成起伏折叠的斜面。建筑依山傍水，建于自然环境之中，建筑主体将坡顶轮廓与山体走势相呼应，以简约、象形的表现主义手法表达主题，巨大前倾的屋顶形体，表现出一种势不可挡的力度与动感。建筑依山而建，充分结合地形，时而隐匿，时而凸显，与环境相互映衬，相得益彰，形成自然的节奏与韵律，建筑犹如回归到原生态自然环境之中。

该设计构想来自对基地原有自然环境地貌的分析。其"对比"手法的应用，使得建筑更加高亢有力，更有视觉的张力和时代性，也寓意人与自然的对话。从远处看，水平向的规整体块布置，再加上外立面自然朴实的形体，建筑并不张扬，而是恰当地融合在整个环境中。

丹霞地貌形态为倾斜向上的丹霞红屋顶与纯白色基座的组合，塑造出具有丹霞山地地域文化特征的人文精神，是地方审美原型在地域建筑中的凝练与展现（图6-4-17、图6-4-18）。

图6-4-17 展示中心南侧透视（来源：魏浩波 摄）

图6-4-18 依山向上的丹霞红屋顶（来源：魏浩波 摄）

镇山生态博物馆资料信息中心是提供研究民族文学、人类学、民族学、生态博物馆学需要而建立的基地，馆址位于镇山村寨内。镇山村是集真山真水、民族建筑、历史遗存于一体的布依族村寨，一色的木构石板屋由溪边叠层而上，朦胧中散发出蕴存的气息。就地取材可以说是最基本的绿色建造策略，信息中心设计紧紧把握环境特征，建筑形体力求使建筑与周边自然环境有机融合，采用了淳朴的风格。立面开窗比较少，墙体比较厚，这些特点都体现了传统建筑的风格特点。遵循与村寨自然环境相融合的生态理念，石材由于其取材方便，坚固持久的特点，在传统建筑中，被广泛应用。设计因地制宜用就地取材，采用块石墙体作为外墙饰面、石板瓦屋面，建筑造型、建筑材料都与村寨民居保持一致，运用乡土（传统）材料展现地域特色，有效地融入了环境，同时也不失厚重感，多现无为而治的生长感和延续感，与基址的特点相契合，乡土特征的文化基因，使建筑的地域性特征更加明显，将建筑物完全融合于村寨环境之中，贴近自然、回归自然（图6-4-19）。

黄果树宾馆是一座五星级度假酒店，建筑设计构思立意为文化传承自然共生：设计是从生态建筑的设计理念入手，通过提炼民族符号，把握民族形式的"神"融入建筑设计之中。以本土源远流长的人文、地理、材料、技艺一脉相承，立足于景区壮美雄奇的自然景色，将自然的精髓与文化的内涵融合共生。与雄奇秀美的风景对话、与自然风光呼应、与文化融合、让特色的地域文化展现于人的游赏，力图营造轻松、

图6-4-19 镇山生态博物馆资料信息中心（来源：罗德启 提供）

愉悦的度假氛围。

建筑设计以突出的立面形象，简约的墙体结合和运用重檐坡顶的形式；墙体为传统手工技艺加工的石材垒砌，厚重的石材墙面与富有设计感的曲面体现了传统工艺与现代美学的结合，坡顶部分运用轻型玻璃钢架结构，玻璃表面覆以铝合金仿木压条，形成瓦屋面的肌理，整体设计体现了传统文化与现代时尚的完美结合。入口灯塔源于屯堡文化的碉堡形态，采用石木材料结合，延续酒店肌理和文化内涵（图6-4-20、图6-4-21）。

图6-4-20　黄果树大酒店a（来源：日本KK公司 提供）

图6-4-21　黄果树大酒店b（来源：日本KK公司 提供）

二、现代与传统交融

以现代的手法融入地方传统建筑元素的特征，是形成特色建筑的合适方式之一。墙是中国传统民居中的重要元素，在传统民居中，长短相异、高低不同、虚实有别的各种"墙"形成了中国传统民居中"外简内繁、外实内虚"的特色。

"多彩贵州"城服务区，这组建筑位于周边林木山水的自然环境之中。设计提出"传统民居现代化"的构思理念，营造一组整体建筑外观传统化，室内公共空间现代化的空间氛围，传承山地民居依山环水与自然共存的建筑文化特征。在采用简洁形体进行布局的同时，也使建筑与自然之间得以更紧密的融合。将建筑做成白色，使其如同白色的宣纸作为背景，以衬托美妙的自然景观构成。设计从传统建筑的院落、台门、坡顶和黑白对比的色彩构成中去发掘其与现代精神相契相通之处；从现代材料运用、现代功能要求以及现代审美倾向中去寻找它们与中国传统韵味的结合点。同时，营造出一组融汇于山水环境之中的建筑，既有良好视野，又为环境添彩。建筑采取合院平面布局方式，颇具"庭院深深"的意向，以安静的方式坐落于山水之间。建筑立面构成简约现代，色调清新明快，建筑造型自然而又充分流露出江南文化所特有的韵味，粉墙黛瓦的色彩构成、坡顶穿插的造型特征，在"似与不似之间"被带入了我们的创作之中，体现了一种清新脱俗而又空灵含蓄的文化品位。纯净的白色院墙与沉着的深灰线脚构成灰白对比，圆形洞门内别有洞天。室内空间棕色木质墙面、传统纹饰的木雕，与现代大玻璃窗、效果照明，向人们传达一幅幅既传统又现代的空间意象。

设计的高墙深院，在于追求安宁、平静、私密。建筑延承当地民居的构建传统，表达由山青、水秀、花香、静谧的空间意象。外观质朴、厚重，建筑在形式上、色调上和外墙材料质感上等，均交代了现代与传统的关系。既有传统特色，又有鲜明现代感，享有一片世外桃源，给人传递出平静的心态和亲切的表情（图6-4-22、图6-4-23）。

贵阳花溪摆陇苗寨民俗综合体，建筑设计延续传统聚落肌理和空间特征，将地方传统文化：包含建筑，四月八，花苗、九陇的传说，红、黄、蓝的花，五姊妹，血缘，老树等各种或虚或实的现象，都被理解为广义而平等的物物关系，皆以"身体"的形式在阳光下或想象中存在，因而设计也由此衍生出一系列控制"身体"的技巧。

设计力图建立双重空间秩序，一是建筑布局秩序：石体→石体组→石体群；二是体验者的感知秩序。同时，探索现代与传统的交融，将通用建造技术与乡土建造技术精髓结合。砖、石这些原生材料通过技术手法创造出来的乡土材料，也间接来源于自然，建筑采用框架与砖混结构，这是典型的通用建造技术。项目的墙体按通用构造做法，效率高。建筑基层采用当地产水泥砂砖，面层则用薄薄的、价格低廉且地方盛产的层积岩青石板。青石板材在不同的天气下，会呈现不同效果。基层的水泥砖主要为承重与保温，其材质空隙率高、渗透性强；而表层的青石板不仅能起防潮防渗透作用，同时可以构建自然乡土环境空间氛围，表现建筑的情感和品质。

传统文脉和现代设计理念相互交融，建筑运用现代空间设计手法，将吊脚、内天井、青石板等地方元素应用于建筑中，使建筑高低错落、空间层次丰富。强调情感回归，提升体验

图6-4-22 多彩贵州城服务区（来源：金礼 摄）

图6-4-23 多彩服务中心（来源：金礼 摄）

图6-4-27 孔学堂b（来源：贵州省建筑设计院 提供）

图6-4-24 贵阳花溪摆陇苗寨民俗综合体（来源：魏浩波 摄）

图6-4-28 孔学堂c（来源：贵州省建筑设计院 提供）

图6-4-25 贵阳花溪摆陇苗寨民俗综合体（来源：魏浩波 摄）

图6-4-26 孔学堂a（来源：贵州省建筑设计院 提供）

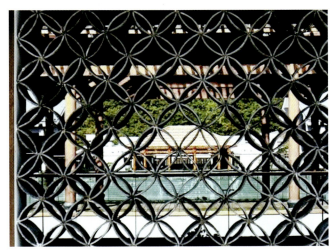
图6-4-29 孔学堂d（来源：贵州省建筑设计院 提供）

感受效果。地方材料的运用既可以使建筑与整体环境协调，还原场所记忆，又能体现地域文脉和建筑的乡土文化特色，体现建筑与地域文化因素紧密凝聚，使建筑空间充满动感和丰富的视觉效果，抽象并浓缩民居村寨的建筑风格和民族特色，融入现代建筑气质中。设计体现了建筑的时代性、地域性、生态性与前瞻性（图6-4-24、图6-4-25）。

孔学堂建筑群主殿堂运用新古典主义手法，明显区别于近年的许多新汉风庙堂建筑。其以简约的非风格化手法回溯到唐代廊院原型，灰色的体量中，又各自托出一个似乎是宋式大木作之简化的纯木殿堂架构。设计以玻璃为瓦，阳光将结构叠现在青石墁的石柱础上。建筑群风格力避仿古，而是用现代工艺和材料自身的逻辑，由空间的历史原型，衍生展现自身的现代表情，实现一个现代性历史空间（图6-4-26～图6-4-29）。

三、新老空间交融

空间形态展现新的使用需求，新材料、新技术引发新的建筑体验。贵阳龙洞堡国际机场是西南地区重要的航空枢纽机场，T2航站楼扩建工程2020年设计目标旅客吞吐量为1550万人次、货邮22万吨、飞机起降14.6万架次。主要建设内容为：新建11.2万平方米的T2航站楼，扩建停机坪26.5万平方米，扩建后机位总数达到47个。新候机楼做到新旧建筑的有机过渡，在建筑风格的再创造中影印出历史年轮的影子和时代气息，达到新旧建筑的协调统一。

设计构思特点有三：

1. 打造成为综合性、整体性的"空港综合体"。设计将地上、地下空间体系统一规划，形成立体综合空间，实现航空与高铁、轻轨、公路三网无缝连接。整合建筑外部形象"新老合一"，建筑立面设计改造采取外包立面的方式，给建筑以新的面貌展现在公众面前，对老建筑而言，外包立面是在原建筑立面外面再加一层建筑立面。这种做法在大多数情况下是出于建筑视觉形象的要求，即将T2新航站楼与T1老航站楼的改造统一考虑。与此同时，也整合绿化景观环境，组织各类交通流线，形成功能完整合理的智能航站楼。

2. 具有地域性与时代性。设计采取"隐喻"的手法，以"分叉式树形结构柱"、"树叶形采光天窗"和"叶茎式格栅吊顶"诠释"森林之省"、"爽爽贵阳"的地域性特征；以连续大跨度的曲线钢屋架为元素，众多的"Y"形钢柱支撑着呈连续波浪形的屋面，三段式的立面设计，展示建筑的庄重和力量之美，体现交通建筑高效、现代的精神内涵。

3. 体现生长性和生态性。建筑形式和空间处理既充满时代艺术，又具有理性逻辑，建筑外形采用曲线特征的三维铝镁锰复合金属板屋面，将新航站楼的设计与老航站楼的改造统一考虑，建筑的整个高度低，水平延伸感强，强化空间的广度，置身其中，依旧会感受到时空的宽广。新老建筑形成有机统一体，增强了建筑的整体感，构成建筑水平视觉无限延展的整体视觉艺术效果，使新老建筑空间完美地结合起来。整合建筑外部空间形象，以重复运用线性单元建筑体布置，将新老航站楼

图 6-4-30　贵阳机场T2候机楼（来源：贵州省建筑设计院 提供）

图 6-4-31　贵阳机场T2候机楼（来源：贵州省建筑设计院 提供）

图 6-4-32　室内全景（来源：贵州省建筑设计院 提供）

连成韵律感很强的有机整体，有利于远期发展延伸，线性单元建筑体，让梦想无限延伸，最终形成一组功能完整、科学合理的智能航站楼（图6-4-30~图6-4-32）。

四、形式与秩序重构

新的结构方式与技术手段带来建筑形态的巨大发展变化，同时涌现出传统结构方式的当代创新表达。省财经大学图书馆、

图 6-4-33 贵阳机场鸟瞰（来源：观山湖规划局 提供）

图 6-4-34 肌理（来源：观山湖规划局 提供）

图 6-4-35 解决高差丰富空间崭新空间秩序（来源：观山湖规划局 提供）

图 6-4-36 贵阳市城乡规划展览馆a（来源：观山湖规划局 提供）

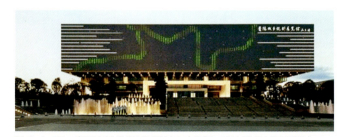

图 6-4-37 贵阳市城乡规划展览馆b（来源：观山湖规划局 提供）

图 6-4-38 青少年科技馆（来源：贵州省建筑设计院 提供）

观山湖新区某办公楼等建筑物立面表皮设计以最基本传统的矩形几何元素符号，在传统文化内核基础上经解构、重组和抽象变化，线条流畅而富于动感，建筑形态宏大有气势，使建筑立面打破了原来的形态格局，而建筑立面有节奏、巧妙的开窗处理又使得整个建筑看起来又没那么沉重，形成新的具有不同寻常的视觉效果，使得整个建筑轻盈而有灵性，重构后的建筑形态具有崭新的时代特色（图6-4-33~图6-4-35）。

贵阳市城乡规划展览馆、国际会议中心两组建筑室内外空间形态，采用了同样的设计思路，通过技术手段调节强化项目特色。

设计运用简约的现代主义手法，将传统的建筑造型进行立面构图秩序重塑，利用金属、玻璃以及石材的搭配进行组合，通过律动的台阶变形序列，使得建筑个性简约而又印象十分强烈，衍生出具有时代特征的新变化；立面构图秩序形成竖向与横向、动与静的强烈对比，这种简洁而大气的设计风格，让建筑整体非常具有标志性，创造出全新的建筑外观，达到通、透、亮的美学效果。由于设计以新的思维介入地域建筑创作中，实现了建筑的地域性与时代性的统一（图6-4-36、图6-4-37）。

贵阳市青少年科技馆利用简单的几何重组和解构，表现了建筑的延伸和集中，空间上具有秩序感和韵律感，采用的手法就是把具有秩序感的一组一组展厅和公共空间联结起来，构成一个完整的平面建筑布局的动线关系。将建筑整体通过解构重组形成有逻辑关系的几何组合，塑造建筑的个性特征，视觉上具有强烈的雕塑感和时代感（图6-4-38）。

五、异质材料同构

在当代，建筑师如何着眼于地域的人文与自然特征，汲取地域文化的丰富内涵，运用地域的丰富资源和现代技术，探索一条地域建筑保护、更新和发展的新建筑的创作之路，是面临的任务和挑战。材料是传统建筑最具有魅力、独特的特点之一，也是建筑地域性文化的载体。当代建筑运用新材料或新工艺，重塑传统材料，展现地域特色。材料是建筑的表皮语言，是历史文化、时代信息的展示窗口，材料的变化能够直接反映建筑功能和风格变化，新材料虽然在外在形式上与传统形态差异较大，但我们对地域文化的传承不能只停留在表皮形态上。对廉价的木材、石材、灰砖甚至泥土的选择，也体现了人与自然的亲和关系。在国家大力发展绿色建筑的背景下，采用适宜技术解决问题，将成为一种带有战略层面的策略，正确引导将成为一种历史性的回归。与此同时，新材料的恰当运用又十分必要，应该抓住文化的内涵，借助新材料、新技术从本质上进行，它使建筑既表达地域精神又体现时代感。因此，如何运用新材料使建筑诠释一定的地域文脉、延续传统机理和空间特征传递传统文化内涵是当今传承演进中的一个新要求。

黄果树演艺中心，是运用传统材料的创新与发展，建筑设计以安顺当地屯堡建筑文化等自然意向融入建筑设计之中，用现代语汇穿插地方材料诠释传统建筑文化，形成现代地域文化建筑；建筑设计立面具有强烈的视觉冲击力，是一座特色鲜明的地域主义现代建筑。设计强调生态环保理念，充分利用当地自然气候条件，结合运用传统与现代材料的建构组合，发挥现代材料特性的同时，建筑形式采用传统屯堡建筑文化要素的精髓，以现代建筑语言表达，将屯堡文化、新材料与传统材料以及演艺中心综合功能等有机融合在一个简洁的"圆形"现代玻璃苍穹之下，浑然一体，相映成趣，反映出强烈的地域材料建构特色。幕结构屋面高低错落，线条流畅而富于动感，彰显能歌善舞民族特有的文化内涵和精神风貌，整体统一而富于变化，形成一个不受气候影响的现代观演环境空间，是对屯堡深厚的历史文化积淀的崭新表达。建筑设计意向契合了黄果树风景区地段空间开放、建筑形象简洁明快，清新淡雅，充满体块感和现代感，运用地方石灰岩材料，通过新旧异质材料同构，传承了屯堡传统文化的精神内涵和个性特质（图6-4-39、图6-4-40）。

图6-4-39　黄果树演艺中心（来源：阮志伟 提供）

图6-4-40　黄果树演艺中心平面图（来源：阮志伟 提供）

图6-4-41　贵阳北站（来源：中铁设计院 提供）

图6-4-42　花溪行政办公楼（来源：阮志伟 提供）

铜仁梵净山栖溪度假酒店、贵阳火车北站、花溪行政办公楼等汲取干阑民居建筑手法，运用新材料和地方材料异质组合，立面造型借鉴传统民居小坡顶的建筑风格。给人们传递清新亲和、具有文化品位和地方特色建筑形象（图6-4-41、图6-4-42）。

六、共性与个性共存

建筑个性来自地域自然地理因素的共性之中，借此表达新时代的地域风格，我们从一些作品往往能够看出，建筑创作在遵循设计共性原则的同时，都力求表达建筑的个性化特色，达到共性与个性兼容，现代文明与传承地域文化并重。

以交通建筑为例，当代铁路客站设计的核心理念就是"功能性、系统性、先进性、文化性、经济性"的五性原则。新时期铁路客站建设的文化性，重点在于追求铁路客站的交通功能、时代特征与地域文化的完美结合，努力做到形神兼备，和而不同。

贵阳北铁路纽客站是复合型客运综合交通枢纽，站房设计体现"以人为本，以流为主"的理念，交通流线上进下出，设计采用通过式与等候式相结合的高架站房，高效地连通了新老城区。车站建筑造型的民族特色与交通建筑大空间功能要求融为一体，延续了"多彩贵州"的城市肌理，展现出丰富的民族地域建筑特色。

贵阳北站作为特大型客运专线铁路旅客车站，高峰小时发送量为10715人，最高聚集人数为7000人；站场规模为28站台面32条线，设基本站台2座，中间站台13座，车站站房总建筑面积为12万平方米，是以铁路客运为中心，集城市地铁、轻型轨道交通、市域短途公路交通、市区公交、出租车、私家车、自行车等多种交通设施及交通方式于一体的综合性零换乘交通枢纽。

铁路站三个巨大的拱门造型，喻示贵阳作为西南重镇、黔贵首府，傲立改革开放前沿，蓄积发展之浪潮，展现"贵州之门"的开阔胸襟和雄浑气势。作为连接"一带一路"，实现长江经济带、珠江经济带、西江经济带、中孟缅印经济走廊"互联互通"的高速通道。贵阳北站汇集贵广高铁、沪昆高铁、成贵高铁、渝黔高铁以及贵开城际和贵阳环铁多条铁路线，旅客日发送量10万人次，是迄今为止我国西南地区规模最大的综合性铁路交通枢纽工程。

贵阳北站建设体量庞大、系统复杂，采用了大跨度钢结构、太阳能光伏发电与建筑一体化、照明等机电设备智能控制等一大批先进技术及节能技术。为解决特大型铁路枢纽客站设计和建设过程中面临的技术及创新课题，贵阳北站开展了消防性能化设计、风洞实验、地震安全性评价、专项检测、施工组织模拟、地震防灾、防雷、高大空间CFD模拟、岩溶整治等专项咨询及评估工作。

客站建筑的功能和形式的相互融合，避免了空间的简单化、形式化，与地区的气候条件相适应，与场区地形地貌相协调、成为体现"多彩民族"的贵阳市具有个性特点的现代铁路交通建筑形象。三个巨大的拱门造型，喻示贵阳作为西南重镇、黔贵首府，傲立改革开放前沿，蓄积发展之浪潮，

图6-4-43　贵阳北站a（来源：中铁设计院 提供）

图6-4-44　贵阳北站b（来源：中铁设计院 提供）

展现"贵州之门"的开阔胸襟和雄浑气势。层层叠叠的水平线条来源于花桥和鼓楼的形态抽象，穿孔纹路肌理取材于少数民族刺绣的纹样，泛光照明灵感也源于鼓楼下灯笼的喜庆寓意，整体设计理念大胆创新，民族特点突出，是现代与民族的有效统一（图6-4-43~图6-4-46）。

从贵阳北站几个设计方案可以看出如下几点：

图6-4-45　贵阳北站c（来源：中铁设计院 提供）

图6-4-46　贵阳北站d（来源：中铁设计院 提供）

图6-4-47　贵阳北站e（来源：戴泽钧 提供）

图6-4-48　贵阳北站f（来源：中铁设计院 提供）

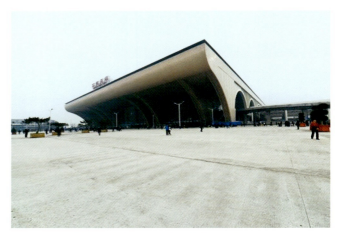

图6-4-49　石家庄铁路客站a（来源：戴泽钧 提供）

图6-4-50　武夷山铁路客站（来源：戴泽钧 提供）

1. 个性特色因人而异：建筑的特色设计也包含了设计师创造符号的过程，在实现建筑的实用价值的同时，为其注入更深刻的精神文化内涵。同一个项目，不同设计师，个性特色各异。例如贵阳北站中铁院和中建院的方案各异（图6-4-47、图6-4-48）。

2. 个性特色随文化的地域性不同而异：同一类建筑，不同地域，个性特色各异。例如在石家庄和武夷山的铁路客站，由于地域文化不同，建筑设计的特色各异（图6-4-49、图6-4-50）。

3. 同一建筑师的个性特色，随项目所在地域文化的不同而不同，同一建筑师在不同地域做同类建筑设计，个性特色不一样。例如，中建院戴泽钧建筑师的不同地域的同类项目个性不同（图6-4-51、图6-4-52）。

结论：地域文化影响度，对建筑个性特色起重要作用。

图6-4-51 贵阳北站 g（来源：戴泽钧 提供）

图6-4-52 石家庄铁路客站 b（来源：戴泽钧 提供）

第五节　象征、隐喻

为了能够充分发挥文化符号的作用，设计中非常注重"象征"、"隐喻"等手段的运用，并将这些符号元素体现在建筑不同层面的载体元素中。借助某一具体建筑形象，化繁为简，塑造简洁、由具象演进到抽象模拟、表达一个抽象的思想意境，塑造意境、传递神蕴，以引起人们的联想与共鸣。取其形、延其意、传其神，新的形态强调对传统语境的转译创新，以全新的方式表达形散神聚的意蕴。"象征隐喻"，在建筑的设计中赋予建筑新的外在形态、内在意涵。它在地域建筑文化背景下，以新的设计理念、运用新的或适宜的建筑技术途径和方法，由符号象征转向形式抽象，将传统的文化基因转化到现代建筑中来，赋予传统以新的活力，使作品既隐含有地域传统文化精神内涵，又体现现代主义简约特性和品位。

一、以形取意

近几年，贵州地域建筑创作进入一个新时期，在注重物质和精神两方面要求的同时，注意形式与功能的统一，开始体现深层次的文化内涵与较高层次的文化品位，保持地域传统和个性特色。简单的符号化拼贴表达已经或正在逐步放弃。在地域建筑形态创造方面，建筑师应追求形式和符号以外的东西。并且按照尊重历史文化、尊重自然人文环境、尊重当地民族生活习俗、在汲取新的设计理念同时，结合现代功能和技术手段，提升表达方法来表达作品的地域性与前瞻性，地域建筑创作的精髓在于能够结合"此时"、"此地"的创新。以"形"表"意"、以"神"会"意"的意象表现常成为一种有效的解答。并且致力于以融汇地域文化的精神内涵，博采众长，兼容并蓄，在创新中保持农耕文明延续的传统，使得躬耕的牛成为少数民族共同崇拜的图腾。

贵阳奥体中心建筑造型创作立意是表达一个抽象"牛"的地域文化内涵，设计通过塑造建筑的"形"，表达对传统文化的传承意蕴。牛是苗族的图腾崇拜，是贵州少数民族银饰重要的造型元素。水牛是稻作农耕的主，是具有灵性的动物。贵阳奥体中心建筑设计本着尊重地域环境、体现地区民族文化特征、以独特的建筑语言表达体育建筑场馆的形象。建筑造型提取贵州少数民族膜拜的水牛角作为设计构思原型，重塑的建筑形态强调对传统语境的转译创新，以全新的方式表达，赋予传统以新的活力，使主体育场具有浑厚的地域精神和丰富的民族文化内涵。以象征的手法隐喻设计对传统文化的传承意蕴。在外表面采用铝板这种视觉冲击强烈的材料，直接将这个建筑定位到了现代建筑风格。在细部设计中，将两只牛角形的金属板罩棚环扣由钢桁架支撑在看台上，使立面挡墙和罩棚屋顶浑然一体，罩棚，立面为有利于自然通风的金属穿孔板材，适应贵阳亚热带湿润温和的气候。孔率随建筑高度渐渐降低，由虚到实，并过渡到屋面，银色穿孔板材在阳光下闪烁发光，使巨大的建筑体量显现出通透轻快，体现现代建筑崭新的活力。主体建筑在一组取材于少数民族抽象纹样元素的现代雕塑和水池喷泉、广场铺地等环境小品映衬下，空间整体感极强，显现出一组建筑形态崭新、文化内涵丰厚、富有浓厚的现代主义建筑特性和品位的时代形象和民族文化特色的建筑艺术效果（图6-5-1、图6-5-2）。

铁路旅客站是"城市大门"贵阳火车北站方案建筑设计构思将民族特色与大空间交通建筑类型充分结合。建筑延续了多彩贵州的城市肌理、展现出丰富的民族特色。"牛角"作为图腾崇拜的符号无处不在，因此站房在造型设计上着力抽象体现"牛图腾"的民族特色；建筑的整体造型大胆，升起优美的弧线和轻盈的翘角，传达出牛角图腾的优美。由地域自然和文化

图6-5-1 贵阳奥体中心（来源：观山湖区规划局 提供）

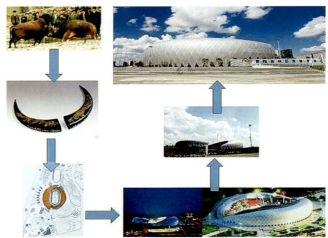

图6-5-2 贵阳奥体中心牛角演变示意（来源：罗德启 制）

习俗长期积淀形成的淳朴、雄浑、厚重的性格特征应成为这种建筑形式的所表之"意象"。由建筑师成功嫁接的传统符号，迸焕发出勃勃的生机，成为不可或缺的点睛之笔。屋顶结构形式运用了传统鼓楼的"挑檐"式样，站房主要支撑柱采用现代钢网架编织而成的倒方塔形叠涩支撑柱，结构形态象征侗族鼓楼的意象，体现独特的地域建筑形象特征。建筑整体的形式美、民族意、携同结构的合理性之间得以协调和谐。设计理念将现代建筑与传统地域文化相结合，它将文化所代表的精神内涵蕴藏在可读可感的建筑形式中，运用现代技术材料创造贵阳的门户形象，是历史文脉的创新传承，建筑展现了城市飞速发展的时代气息。建筑形态宏大有气势，而建筑立面有节奏而巧妙地处理又使得整个建筑看起来没有那么沉重，使得整个建筑轻盈而有灵性（见图6-4-47）。

红果湿地公园项目建筑设计，运用贵州山乡梯田的元素

图 6-5-3　梯田文化（来源：余压芳 提供）

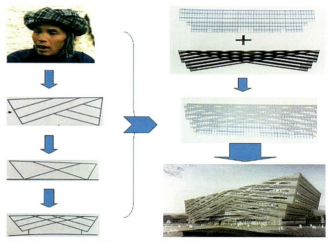

图 6-5-5　布依头巾意象分析（来源：罗德启 制）

图 6-5-4　布依综合体（来源：贵州省建设厅规划处 提供）

符号，在抽象手法的基础上将建筑轮廓与地貌特点结合处理，建筑主体采取竖向退台式布局，使雄浑有力的建筑与大地之间产生一种自然的亲和力，以"形"传递贵州山区人民尊重环境、利用环境、改造自然环境的田园思想与人文情怀，从而创造出一种永恒的精神坐标（图 6-5-3）。

位于布依族聚居区的某商业建筑综合体，设计方案为了表达一个抽象的民族传统精神文化内涵，建筑造型构思创意取材于布依族男子的包头布，设计元素，经提炼演变组合将抽象化的图案纹样，体现到建筑立面形象中，其整体设计构思新颖，富有强烈的民族特性，以形取意，使一幢现代建筑蕴含有浓郁的民族文化意蕴（图 6-5-4、图 6-5-5）。

贵阳奥体综合体设计方案运用贵州龙化石作为创作的立意构思元素。贵州龙化石是沉积岩中因上古地质活动所掩埋的动植物，经长期石化而形成的地下化石型地文景观，是贵州地域有影响的地理文化元素符号。设计以贵州龙化石作为抽象地域文化精神，吸收传统文化元素，取其形、延其意，以现代主义设计手法表达对历史传统文化语境的转译，表达历史文化内涵和唤醒人们的历史记忆，并以全新的方式传递借形延意的思想情感（见图 6-2-15、图 6-2-18）。

二、以形传神

贵州省图书馆、遵义沙滩文化陈列馆，均以图书形态表达一个"书山学海"精神的思想内涵。

贵州省图书馆设计取意来自中国古代线装书籍，其思想内涵则渗透着"书山学海、学无止境"的精神和思想情感。立面正中的青铜"竹简"镌刻着一个"书"字。竹简是中国独有的书的形式，"书"字又是图书馆的标题。塔楼取意为一本打开的书。正立面是线装书的书脊，以双榫钉合；背立面的遮阳片隐喻微微张开的书页；运用中国古代石刻文、青铜文、象形字等文字形式，表达人们读书畅游之感；设计取形传神的思想内涵得到充分表达（图 6-5-6）。

沙滩文化陈列馆入口以一叠书作为主景，取其形、延其意、传其神，强调对传统语境的转译，使人产生联想，以达到"形散神聚，书山学海"的意蕴，体现深层次的文化内涵和品位（图 6-5-7）。

图6-5-6 贵州省图书馆（来源：贵州省建筑设计院 提供）

图6-5-7 沙滩文化陈列馆——书山学海（来源：遵义规划局 提供）

图6-5-8 茅台大厦（来源：戴泽钧 提供）

贵州茅台大厦以"玉琮之樽盛玉液"为设计立意。樽作为中国古代最早的酒器，其承载的除了美酒，也是诗仙李白那"人生得意须尽欢，莫使金樽空对月"的自由超脱与豁达气度，更承载了中华民族博大精深的文化与历史。"琮"《周礼·考工记》"以苍璧礼天，以黄琮礼地"，"璧圆象天，琮方象地"乃玉琮，为中国远古沟通天地之神器。

茅台大厦主塔楼体形将玉琮与樽相结合，形成宛如玉琮之樽向天盛接琼浆甘霖的塔楼形态，分段的塔楼设计暗示中国密檐式塔，加之穿斗的榫卯结构形式，表达了中国传统建筑与文化之神，又彰显了茅台绝世风华、玉液之冠的气质，犹如一曲豪迈热烈与醇香婉转相结合的史诗，展现茅台特色酒文化体验。设计以全新的方式达到形散神聚的意蕴（图6-5-8）。

遵义新舟航站楼设计构思取材于遵义会议纪念馆的建筑元素符号，较好地体现了红色建筑文化的地域性和时代性。

设计充分注意了在人文环境方面，遵义独特的红色文化和民族传统。建筑的形式，以水平向的几何拱券组合呈现，同时以拱券形柱廊与玻璃幕墙以及金属复合墙板组合，形成前后错动，高低起伏的阵列形态。毫无疑问，传统建筑所营造的场所精神是建筑师进行当代建筑创作的源泉。建筑设计充分体现了航站楼的个性特征和地域文化的内涵。外立面采用灰白色调，隐喻黔北建筑传统色彩的鲜明个性，机场根据当地传统文化的历史现代发展的双重要求，设计采取现代风格与黔北建筑抽象符号相融合，以表达具有现代特色的交通建筑构思理念，建筑具有强烈的时代感和浓郁的文化氛围，赋予传统以新的活力（图6-5-9）。

图6-5-9 遵义新舟航站楼全貌（来源：遵义规划局 提供）

第六节 案例详析

一、尊重环境、传统与现代交触——贵州花溪迎宾馆

贵州花溪迎宾馆在场区特定的自然环境条件下，设计因地制宜，采取分散式布局：依山就势，利用地形高差，体现山地建筑特色；增绿理水，营造"花"与"溪"的景观意境；借鉴融合地方民族文化，展示建筑空间的地域性特征；采用绿色环保的适用技术，充分体现尊重环境、保护环境的生态设计理念。

花溪迎宾馆位于花溪风景名胜区。场区地貌高低起伏，既有山丘，也有坡谷，竖向高差27米。山地林木植被长势良好，树径10厘米以上的树木有718棵，是具有典型山城地貌特征的一块建设用地。建设如何使建筑与环境协调，体现尊重环境、利用环境，体现人、建筑与自然环境的和谐，体现山地建筑特色，显得尤为重要（图6-6-1）。

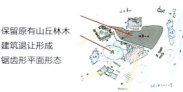
保留原有山丘林木
建筑退让形成
锯齿形平面形态

图6-6-1 保留原有山丘林木（来源：罗德启 制）

（一）体现尊重环境的设计理念

1. 分散——尊重环境

总平面采取化整为零的分散式布局，充分体现尊重环境、保护生态的设计理念和依山就势的山地建筑特色。设计按不同功能单元，从环境空间角度加以整合，整合后建筑群既符合用地不规整的特定条件，又使尺度、体量与环境空间融为一体，既具有山地特色意境，又体现人与自然，建筑与环境协调和谐的设计理念（图6-6-2）。

2. 就势——顺应环境

建筑功能单元采取因山就势，顺其自然，让建筑穿插渗透到青山翠绿之中，成为自然环境有机组成部分。随地形起伏不同，设计根据不同竖向高程进行布置，采取吊层、错层、局部架空、地下地上结合等手法，达到降低高度，减小体量，丰富空间层次，或节省土石方量之目的。更重要的是对环境破坏减少到最低程

- 依山就势总体组团村落
- 分散式布局

图6-6-2 迎宾馆分散布局（来源：罗德启 制）

度，使树木植被最大程度得到保留，保持原有地貌基本特征，从而尊重环境保护环境的设计理念得以充分体现。

3. 借景——利用环境

一号楼于场区最高地势，设计局部采取吊脚楼手法，宾客在室内可以极目远眺花溪秀丽景色，取得最佳视野效果。其特点是：

1）传承传统民居庭院式布局，公共和私密空间分区明确，空间序列层次分明；

2）顺应地形高差的山丘地貌，以掉层、悬挑、架空的设计手法体现山地建筑特色；

3）贵宾套有良好的视觉景观和开阔的视野；

4）暖廊设计满足宾客接纳阳光、空气，健康的使用环境。

4. 应变——适应环境

生态理念更新当代建筑思想。二号楼由于所处用地高差较大，且地块形状不规整，为更好地保留原有树木，设计结合地形采取锯齿形错层的平面布局，形成层层叠落的建筑空间效果。其特点是：

1）结合地形建筑平面设计采取锯齿形的错层布置方式，形体自由，立面造型丰富，个性突出；

2）功能明确，有良好的景观视野，内部空间环境舒适幽静；

3）借鉴传统民居内庭院布局方式，空间通透、格调高雅；

4）立面轮廓层次丰富，对比强烈，标志性识别性显著，具有鲜明的地域性特征。

三号楼地处低凹湿地，设计局部采取架空方式，解决深基础问题，争取到部分地下使用空间。

5. 降高——融入环境

四号楼设计采取地下一层，地上两层的布置方式，满足降低建筑高度要求，与环境取得协调和谐。

6. 让树——保护环境

基地前后有些树木，为保留更多大树，对场区树径10厘米以上的718棵乔木建筑作了避让，最终这些树木也保留了下来，做到尊重原有生态，与建筑共同形成了一个完整的景观环境。

因此，宾馆建筑高低错落，层次丰富，是若隐若现在青山翠绿之中的一组建筑群体。淡雅的色彩，传统的坡顶，取材民居的吊脚楼造型，与周围环境极为和谐，为景区添增一幅协调而有山地特色的画面。（图6-6-3）

（二）重塑环境，营造"花"与"溪"的意境

花溪迎宾馆建设，突出"水花之美"和"溪中行乐"的自然与人工景观之绝妙意境。花溪迎宾馆的环境景观梯度，由建筑内庭院和屋顶花园到外部广场、休闲空间，直至场区外的自然山水，是一个由中心往外延伸，空间越趋开放，物种越趋多样，氛围越趋自然的景观系统。宾馆环境景观设计遵循"花"与"溪"自然朴实的意境进行，做到"借景"自然，"融入"环境的花情绿意，溪流水景，形成山因树而韵，人顺水而赏，景随水而生，水因花而流的画意。

宾馆的庭院注重种植，植物造景以现有稠密的山林为背景，用乡土树种配植不同季相、色相、树形的景观树。内庭院和屋顶花园，也都以自然山水的理念营造，使有限空间展现变化，"点妆"与山地环境协调的外部空间氛围（图6-6-4）。

（三）体现时代精神的建筑空间

建筑形态的解构与重塑。朴实的建筑形式，来源于传统地方文脉，贵州丰富的民族文化元素符号的运用，增添了宾馆建筑文化的地方色彩，构成了建筑文化的地域性特征。

1. 凝重大气的入口大堂

大堂是建筑的交通枢纽，也是人流通往各功能空间的集散场所，是设计重心所在。通过玻璃幕墙的圆洞门进入一号楼大堂。一号楼大堂利用地形高差布置在建筑的第二层位置。大堂左侧黑金砂花岗石墙嵌圆形乳化玻璃的景观墙，散发有浓郁的文化气息。明澈通透的玻璃幕墙、富有地方民族传统符号元素的墙面和门扇都成为大堂精致的亮点。

二号楼大堂内六根由黑金砂柱脚和透光石雕柱头装饰的白洞石方形列柱惹人注目。大堂两侧上部墙面分别设计有《四月八节日的传说》和《苗族史诗》题材的丝织工艺挂毯，壁挂左右两端上镶有寓意吉祥崇拜的牛头装饰。大堂中央一座题为《欢乐鼓》题材的青铜雕塑，古朴的造型，悠远的神韵，足以表达二号楼大堂地域文化与时代精神兼容的风格。

平面略呈弧形的三号楼大堂，材质对比强烈，风格简约，

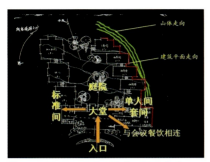
图6-6-3 让树应变（来源：罗德启 制）

图6-6-4 庭院环境（来源：傅忠庆 摄）

图6-6-5 二号楼大堂（来源：罗德启 制）

体现会议中心的简朴、平易、富有理性和文化内涵的空间特质（图6-6-5）。

2. 融入时代的过渡空间

一号楼中庭，透过中庭侧边落地玻璃，可欣赏内庭院景色。中庭正面一幅寓意和平题材的《鸽颂》汉白玉浮雕，十分精致。玻璃光顶四周，由富有传统民居风格的一组木挑梁元素符号装饰。中庭正中布置的一组太师椅、案几家具，让中庭的室内环境在华美中散发出浓郁的传统文化气息。

三号楼拱顶长廊是会议中心的共享空间，长廊一侧的内庭院，透过落地玻璃幕墙映射进来的阳光树影，增添了共享空间的光影效果。另一侧10米高、30米长的巨幅锻铜浮雕《夜郎古韵》和与之对应的一幅《民族团结颂歌》浮雕，气势非凡，回味无穷，使空间更加充满活力。设计力求将这些空间营造出一种既传统又现代还具诗情画意的个性空间。随着四季的交替，光影变化，建筑也呈现着不同的特点，并时刻和周边环境发生着对话（图6-6-6、图6-6-7）。

（四）绿色技术亮点

为推进建设事业节约资源保护环境和可持续发展，设计采用了适用的绿色建筑技术与产品，在总体规划与建筑设计、环境设计和智能化系统设计等方面体现绿色建筑的特色，实现社会、环境、经济效益的统一。

（五）本土化、地域性的建筑风格

建筑设计是寻求建筑与环境之间相互依存的关系。花溪迎宾馆位于贵州·花溪风景区的大环境中，建筑风格体现如下几个特点：

贵阳花溪迎宾馆
用现代语汇 体现传统韵味
（获建筑创作大奖）

图6-6-6 共享大厅（来源：傅忠庆 摄）

图6-6-7 一号楼中庭（来源：傅忠庆 摄）

1. 文化内涵来自民间

尊重历史文脉，传达地方文化。文化是建筑之魂，建筑形式的精神意义源于地域文化传统。将迎宾馆的建筑风格做到现代建筑地域化，乡土建筑现代化，是设计追求的目标。

室内陈列的不少环境艺术饰品等，内容都取材于贵州少数民族传统文化，并在此基础上进行创新。此外，体现崇拜寓意的牛头装饰，富有传统的构架元素符号，表达吉祥如意的鱼龙纹饰等，都充分展示出我省具有丰富的民族民间文化内容，提高了建筑的文化品位和人文内涵。

2. 空间形态源于民居

民居是一个地区民间朴素的、乡土建筑文化形态，是通过实践创造的，是富于地域特征的一种建筑文化类型。

迎宾馆的建筑形态，以黔中地区民居作为设计构思的原点，吸取传统民居的思维方式和构思技巧，注意在起伏不平的地貌、环境上做文章，从而体现山地建筑的个性特征，取得自然质朴的视觉空间效果。

迎宾馆设计没有采取模仿，而是力求在色调轻快、尺度适宜、风格亲切上下功夫，注意把握传统与现代、继承与发展关系的内涵。设计在吸取民居源泉的基础上，运用现代语言表达——以构架和新型瓦材再现坡顶；外墙采用浅米色浮雕型涂料隐喻粉墙；对地方材料的运用，更讲究组合效果。如粉墙中局部嵌入页岩石，体现石材的纹理和厚重的质感，使平稳的立面充满力量，产生饱满韵律的动感。采取悬挑的体形，干阑吊脚楼的骨架，配以现代全玻璃门窗，局部运用阳台、花架以点缀，再加大面积玻璃和山墙构架的运用，打破了传统立面厚实的笨重感，形成明与暗、虚与实的对比效果（图6-6-8~图6-6-12）。

贵州花溪迎宾馆的建筑形象，设计解决了三方面问题：

1）使建筑尽可能做到融合在山水绿化之间；
2）利用独特的地貌环境，体现建筑的山地特征；
3）建筑造型与周围环境互相协调，包括与山势的结合，与地形的结合和溪流的映衬，使建筑融合在大自然中，体现平易、朴实的民居风格。

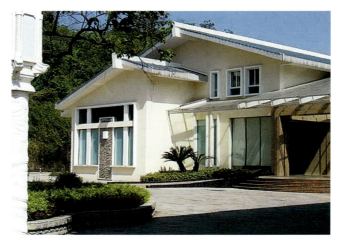

图6-6-8　一号楼入口（来源：刘锦标 摄）

图6-6-9　屋顶构架（来源：罗德启 制）

图6-6-10　客房楼山墙虚实相间（来源：刘锦标 摄）

图6-6-11 片石肌理（来源：罗德启 制）

• 材质运用：片石肌理 韵律、动感

图6-6-12 构思来自民居（来源：罗德启 制）

二、元素变异、地域文化创新表达——人民大会堂贵州厅室内设计

北京人民大会堂贵州厅室内设计运用传统元素变异重组体现地域文化特色的实例（图6-6-13）。

其设计特点是：

1."意在笔先"

设计立意构思为"迷人的山国"。贵州是一个多山省份，素有"山国"之称，设计创作的目标明确：以山作为构思的基础。

2.选择典型的内容题材

以"奇丽的岩溶风光"、"光辉的革命史迹"、"浓郁的民族风情"以及"灿烂的高原明珠"作为内容题材表达。

3.采用"基本单元"作为室内空间的主导旋律

根据"迷人山国"立意构思，设计采用"基本单元+特色题材"的建筑语言作为室内总体布局的基本手法。山——形成的各种形态的喀斯特地貌类型，使贵州具有瑰丽的岩溶风光特色；山——造化多样的自然资源和山地经济；"山国"——是一个多民族的省份，形成贵州高原丰富多彩的民族风情；"山国"——是古人类发祥地之一，曾经创造过远古文化史迹，近代，举世闻名的遵义会议又谱写了光辉篇章。这样的山地资源集中反映了贵州各族人民的奇迹，因而西部这颗高原明珠，就成为了设计创作构思的基础（图6-6-14）。

图6-6-13 贵州厅内景（来源：罗德启 摄）

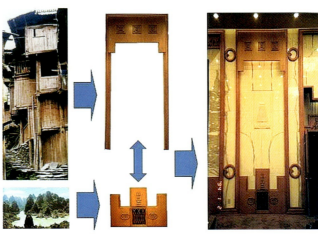

图6-6-14 贵州厅基本单元（来源：罗德启 制）

4. "基本单元"由上、中、下三部分组成

下部墙裙以"山"形寓意高原山地农业经济为基础的贵州基本省情。上部是一组由"楼"与"吊脚"组合而成的"吊脚楼"变形符号,并将"吊脚"与山字墙裙相连,作为"基本单元"边框,细长的吊脚,也较好地解决了室内净空高的构图比例。"基本单元"由汉白玉石材和木材组合,中部镶嵌有鼓楼玉石浮雕。"基本单元"内涵是:隐喻世居在高原山区各民族的悠久历史文化。突出以"山"为基础,以"石"为基调,取材于传统民居的形象元素,通过变异、升华,以简洁手法体现设计构思主题(图6-6-15)。

5. 设计始终围绕主题把握总体空间效果

贵州厅四方墙面和顶棚以山、水、洞"三奇"著称的高原岩溶风光巨幅编织画、《遵义会议会址》镂空木雕屏风、《民族团结》和《苗族少女》为主题的玉石浮雕墙、省花杜鹃花水晶吊灯等特色题材组成贵州群芳谱;同时运用表征形装饰:重复牛头、鱼形及果木、禾穗、杜鹃花纹饰等形象符号,以及局部点缀民族工艺饰品,烘托整体环境氛围,室内色彩以调和色为主,墙面采用光度较强、清晰淡雅的汉白玉石材为基调,并通过运用点光源、漫射光等营造效果氛围,除产生心理上的舒适感,更是强化了建筑空间传统地域文化特征和时代气息(图6-6-16~图6-6-18)。

从以上列举的建筑实例,不难看出,共同之处都在于能够从不同角度对地域文化进行消化吸收和发展创新,都能够从理性和感性出发,在创作中注重物质和精神两重层面的需求,即尊重地方文脉和社会需要,寻求人们生活质量的提高,体现传统地域文化。此外,都有高度的文化意识和从深层次努力探索地域建筑创作的方法和技巧,都能体现对地域历史文化和自然环境的尊重,这些实例可谓是异曲同工、价值取向一致的表现。从这些实例还可以看出设计者在努力寻求和探索地域建筑与时代发展的结合点,探索传统和现代思维,传统技术与现代技术,传统审美和现代审美的结合方法,以及尝试把地域传统文化融合到现代建筑文化之中的设计途径。

图6-6-16 苗女(来源:罗德启 摄)

图6-6-15 山(来源:罗德启 摄)

图6-6-17 牛头(来源:罗德启 摄)

图6-6-18 门饰(来源:罗德启 摄)

第七章　传承发展的当代实践小结

　　经过长期实践，我们可以冷静地思考归纳一下建筑传统向现代演进过程的经验教训。当代建筑中，通过对地理气候条件和传统建筑材料的运用对各民族传统建筑形式和文化元素的提炼，将贵州地域特有的民族传统和外来文化不断融合与发展以及在实践运用中。对于建筑外部造型和表皮肌理等设计方法的实践，形成了贵州特有的地域建筑文化形式。这样厚重、沉稳，朴素、自然的贵州地域建筑文化特色总结归纳，对当代建筑创作十分有益。

第一节　建筑特色的文化渊源

我们十分清楚，有特色的建筑作品一定是以地区的自然环境特色为基础，以地区的历史文化特色为灵魂。区域的自然环境和历史文脉，将成为构成地域建筑个性特色的创作源泉。

特色是强调不同环境下的因果：突出事物所处特定环境而产生的内在和外在不同差异之处。因此，特色是物质要素与非物质要素互相融合的综合体，特色的形成融入了特别的文化，成为在视觉上可以感知的外在形象。贵州地区长期以来形成的文化，也是物质要素和非物质要素碰撞的结果。

贵州的特色来源于自然生态资源、民族文化资源、民居文化资源等。历史建筑最能代表当地文化的特色元素，它真实反映地方过去的历史时期的政治、经济、社会文化状态，是城市文明的物质载体，是一种潜移默化的文化影响，好好保留它，是塑造地方特色的最好素材。

"特色"概念重要的一点就在于，"不同"是"表"，其背后映射的自然、文化和社会环境则是"核"，徒有其表的特色并非真正的特色。实践证明，地域建筑的设计也包含了设计师创造符号的过程，在实现建筑的实用价值的同时，为其注入更深刻的精神文化内涵。当代建筑传承形成地方特色，一是要结合自然环境，包括气候、地形地貌、乡土材料等；二是映射地方文化，包括历史事件、民族文化、宗教文化、外来文化、民居文化、交融衍生的新文化等。三是要体现时代特点，包括运用适宜技术和新材料等。如果三方面能全部做到，堪称完美。

第二节　建筑特色的表达意象

实践证明，不同的地域因为环境差异及社会经济发展水平的程度不同，会产生不同的建筑，体现地域的差异性也是传统文化鲜明的特征。

贵州特色建筑的明显特征一是山地属性，二是民族属性。山地属性来自贵州所处的山丘地形地貌，具有温和湿润的气候条件。正是这些特殊地域条件，才导致形成类型多样、形态丰富、各具特色的依山就势、空间开敞、高低错落与地貌环境相结合的山地建筑。其建筑形态和性格，具有大山的雄浑、粗犷和内涵，体现着特殊的震撼力，建筑还蕴含着似山不喜平的锐气。

世居贵州的十七个少数民族，是多民族交融混生、互为消长的"活化石"，也是建筑创作能够体现民族文化特色的"沃土"。将丰富的能够充分反映山地建筑特色和多彩的贵州民族特色的建筑文化元素，融汇于现代建筑创作中，会增添作品的民族文化内涵和地域文化魅力，突现建筑个性，成为当代传承传统建筑文化的重要载体，也是贵州当代建筑创作的重要途径。

第三节　传统文化的传承手法

一、原态手法

借鉴传统建筑形态，用其"形"，对整体或局部建筑形态与建造方式进行原汁原味的复制。原始形态直接运用，外在表现直观，形态特征与延续的形状结构相同或者类似，原态手法是以复制和吸纳为主，再现地域传统建筑的风韵。由于仅仅是套用传统建筑的形态为主，往往导致设计作品仅有外壳而忽视传统建筑的文化内涵，容易导致过于倾向形式。

一段时期内，由于理解的偏差，狭义地将建筑传承理解为仅是附着在建筑外部的表象。因而导致这一时期继承传统纯粹在形式的模仿和重复移植上做文章，类似的实例不少。产生这一倾向的最主要原因是忽视了传统建筑文化内涵，导致过于形式化的结果。

二、符号手法

符号既是一种可感知的形式，也是一种内在精神，文化符号是文化传达和延续的重要依托，建筑则是文化符号的载体。选择经典的传统符号语汇,通过巧妙地组合、变化,在保持传统精髓的同时,在形态上取得再生进化。当代建筑传承传统文化并加以符号化、具象化的方式表达、建筑局部和细部以运用民族或传统文化符号体现,点缀于现代建筑之中。人们通过解读符号化的建筑元素,更容易全方位、深层次地认知和感悟建筑。使建筑从"形似"到"点神"引导。蕴含有解构主义、新古典主义的设计理念是传统建筑思想当代发展创新思路,将为当代建筑提供更丰富的表现形式,注入更深远的精神文化内涵。

符号手法力图在建筑形态和细部再现传统文化印迹,体现作品传统文化的意韵。长期以来,符号手法是传承传统运用最多的建筑创作手法之一,也成为一个时期建筑创作的基本方法和途径。

三、变形手法

将传统建筑具象的元素符号、构件、纹样等,放弃外形特征,通过局部拉伸、扭曲、展开、收缩等夸张变形处理,显现新的形象特征,构成强烈的视觉冲击,提炼其精神内涵,以现代手法重组,以新的方式展现,以其传统文化的精神内涵来传达思想情感,展现创新的人文精神,衍生出具有时代特点的崭新形象。

四、象征手法

借助某种具体形态,表达一个抽象概念、思想或情感,是"取意设计",由具象演进到抽象模拟、塑造移情、传递意蕴,引起联想与共鸣。取其形、延其意、传其神,达到"形散神聚"的表现效果。通过具象的建筑造型,表达抽象的地域文化精神。强调对传统语境的转译创新,将地域传统文化基因转化到现代建筑中来,并有创造性地发挥和发展,赋予传统新的活力,以全新的方式达到形散神聚的意蕴。使作品既隐含有地域传统文化,又体现现代主义简约特性的更高境界。

无论是运用原态、符号、变形还是象征手法,都需要注意策略和方法,首先要保留传统中的地域文脉和人文精神,这是设计的灵魂,是建筑能否成功的关键。对于元素符号进行提取、移植、叠拼、变异重构的同时,还应该注意满足建筑使用功能需求,充分利用现代技术材料,进行时代更新与传承。

第四节 传承的演进轨迹

传承方式演进的轨迹特征　　表7-4-1

传承方式	模仿	叠拼	变异	交融	象征
特征	延续传统原味、原态传承	保留传统精髓、形态再生进化	传统渗入新思想文化、衍生崭新形态	异质结合、传统显观新的形态特征	取形传神、形态语境创新表达
轨迹	传统——现代				

传统文化是一个地区特色的积淀。历史建筑、历史环境可以反映这个地区发展演变的历史文化,也映射这个地区的传统民族文化。不仅能提供"欲去明日,问道昨天"的史鉴,也是孕育和发扬地域传统精神的温床。贵州地区文化丰富多元、特色突出,体现在历史文化、地方风物、民俗传统、精神信仰等方方面面,异彩纷呈。将之进行提炼和艺术化处理为当代建筑创作能够增添更多光彩。地方传统建筑在重视地理环境,尊重和维护自然生态平衡,尊重民族和地域文化、生活习俗,以及运用当地技术和体现可持续发展等方面,有许多都是值得我们借鉴和吸收的营养。建筑形态的形成会随时代、社会习俗、文化、技术的改变而改变,有强烈的时代性和地域性。传统也并非静止不变,相反也是不断新陈代谢、自我更新的系统。因此,当代建筑创作应该立足于现在,应立足于地域文化,提取其中最具代表性、象征性的形体符号、文化符号,运用到建筑形态中,重新塑造传统建筑新形象,为现代生活和生产方式服务。

所谓"现代"的含义,包含对优秀文化的传承和发扬,寻求地域文化的差异性,创造性地联系历史与未来,不局限于过去，而是追求新的理念，实现超越自我。力求做到使优美的环境、深厚的历史文脉和富有生机的时代精神取得最佳契合。

从当代建筑创作的传承手法可以寻找到传承传统文化的发展轨迹。从总结归纳的几种传承手法：从运用形态模仿到建筑元素叠加拼接再到元素符号变异重构，以及异质文化因子交融、运用象征隐喻手法，我们可以从传承手法的变化演进过程的轨迹（表7-4-1）清晰地看出，传承的渊源是传统文化，文化传承是一个动态发展演进的过程。受社会经济水平和技术发展的影响与推动，传承向现代发展又是一个不断更新的过程。当代社会，在新技术的影响下，建筑传承也应该结合地区的实际情况不断进行革新与发展，遵循地域精神，将传统文化与现代建筑设计理念、结构材料完美地融为一体，实现传统建筑的当代发展（表7-4-2）。

传统元素在当代建筑设计中的运用建议表　　表7-4-2

传承方式		现代建筑类型											
		传统街区保护	村镇住宅	城市住宅	教育建筑	办公建筑	商业建筑	旅游度假酒店	交通建筑	体育建筑	文化博览	风景旅游	宗教建筑
原形传承	原形表达	○									△	√	
	原形为主略有变化	√	○		△	△					△		
	原形传承当代表达	☆	√	√	√			△			☆	○	√
传统提升	符号叠加				△	√		√	√		√	√	
	元素拼接				○	√							
	空间移植			√				△	√				√
现代演绎	元素变异				√	○	√	☆	√	☆	☆	√	△
	异质交融			√			√	☆	√	☆	☆		△
	象征隐喻				√	☆	☆	☆	☆	☆	☆○	√	
	现代为主			√	√	√	√	√	√	√	√	√	△

注：√ 可以运用　　○ 较多运用　　△ 少量运用　　☆ 创新运用

第五节　传统建筑特色的塑造和管控原则

一、特色突出原则

"特色"概念重要的一点就是"不同"是"表"，其背后映射的是自然、文化和社会环境则是"核"，徒有其表的特色并非真正的特色。传统建筑特色的塑造和管理控制应从自然环境、文化传统、时代特点三方面入手。传统特色的形成除了视觉、物质等有形、可控的层面因素外，还受到时间、精神等无形、不可控因素的影响，因此需要多因素结合具体情况综合考虑。

二、整体协调原则

一个城市、一个地区的建筑风貌和总体形象应该主次分明、各归其位。如标志性建筑应特色鲜明，背景建筑应追求整体协调，绝不能反其道而行之。

三、公共审美原则

公共审美包含两层含义：一是对普适审美原则的遵循，如比例、尺度、统一、协调等传统审美要求；二是对审美价值的引导，那些奇特、肤浅、表面、哗众取宠的审美情趣在设计和管理控制过程中应该予以及时扭转。

第六节　传统与当代建筑思想比较

中国传统文化的建筑思想，浓缩了中国传统文化的精华，并且集中体现在中国传统民居中。民居建筑与社会、历史、文化、民族、民俗有关，又与儒礼、道学、阴阳五行等及以后的佛学思想学说有密切联系。他们互相影响、吸收、融合，构成了中国传统文化的总体。

中国传统文化中，哲学处于核心地位，起着主导作用。中国传统建筑文化最值得发扬的基本精神涵盖四个方面：一是以人为本的价值体系；二是自强不息、豁达乐观的民族心理；三是观物取象、整体直觉的思维方式；四是天人合一的审美思想。

此外，传统文化中的人文思想、美学原则和建筑形态、崇尚天人合一的精神、注意环境与建筑交融、崇尚自然美和人性文化所演绎的物性共鸣的园林景观构成原则等都是值得我们传承和发扬的精髓。中国传统文化是民族精神的精华，是人类智慧的最高创造。我们中华民族炎黄子孙一定要继承和发扬。根据实践，中国传统文化与当代建筑思想发展的比较如表7-6-1～表7-6-4。

中国传统文化传承与当代建筑思想发展比较　　表7-6-1

	中国传统文化及建筑思想	当代传承与发展
1	以人为本的人文主义价值系统； 一切以人为本、以主人及家庭为本，天地人三者结合，突出以人为本的实用理性精神。	传承以人为本的理性精神， 发展：遵循安全、实用、经济、美观的建筑方针
2	天人合一的环境观，通过风水论来实现，是民居择向、定位、选址的依据，又是汉族儒家、道家思想在大环境条件下处理建筑的准则	传承天人合一的思想，延续"天人合一"的自然观发展：适应环境、气候条件，采用技术措施解决不利因素，通过勘测技术手段择向、定位、选址。关注建筑的生态性
3	五位四灵的环境模式，五位即东南西北中五个方位，四灵即四方神灵——青龙、白虎、朱雀、玄武	发展：因地制宜、结合环境、利用环境、改造环境，采用现代手段主动适应环境，对传统建筑自然观的回归
4	宗法礼制，其核心是等级观念，对住宅中的布局、形制、开间、规模、装饰、装修都有严格规定，目的是维护以血缘为纽带的封建等级制度	延续传统形制、比例、尺度及做法， 根据功能需要，科学合理地布置建筑空间。建筑群落遵循城市文脉进行布局，历史街区改造保留城市肌理，当代建筑空间形态的多样化发展
5	观物取象的思维方式：直觉体悟的直观性；观物取象的象征性	逻辑思维+形象思维
6	自强不息、豁达乐观的民族心理	尊重传统历史文化、尊重民族文化、保护民族精髓和历史文化遗产。在历史环境中注入新的思想，赋予建筑以新的使命，演绎场所精神，使新老建筑协调共生
7	运用砖、木、石、土等传统的材料及工匠营造技术	乡土材料的创新运用，对乡土材料的运用方式和材料形式的创新研究展现当代特色

贵州建筑传统的当代传承体系表

表7-6-2

1	文化渊源	基于高原山丘自然环境			基于丰富多彩的民族文化			
2	建筑属性	山地建筑属性			民族建筑属性			
3	性格特征	朴实无华、粗犷纯真			悠远厚重、多样融和			
4	传承手法	回应气候	利用地形	地域材料	原态模仿	符号叠拼	元素变异	异质交融	象征隐喻
5	风格特色	建筑开敞通透、内外空间融合	形态依山就势、轮廓高低错落	外表自然朴实、乡土特性浓郁	模仿建筑形态、再现历史风貌	保持传统精髓、传统现代兼容	形态结构变化、传统意韵犹存	异质元素凝聚、形态崭新表达	取形延意传神、形态简约现代

注：表7-6-2 第4行"传承手法"有8列，第5行"风格特色"有8列。

贵州建筑风格的影响机制及传承应用

表7-6-3

影响因素	因子	表现特征	当代建筑传承应用
地理文化 （自然环境）	区域气候	温和湿润	灵活多变、空间开敞、内外融合
	环境地貌	高低不平	高低错落、依山就势、因地施建
	建筑材料	自然材质	乡土特质、现代技艺、就地取材
社会文化 （历史·民俗·宗教）	历史文化	厚重悠远	1. 攀仿传统形态、再现历史风貌 2. 元素构件重组、唤醒历史记忆 3. 内涵抽象隐喻、表达人文精神 4. 塑造文化意向、传承历史文脉
	民族文化	多远融和	
技术经济	材料	乡土资源	自然淳朴、质感肌理
	技术	民间技艺	粗犷独特、传承发展
	经济	与社会发展同步	体现时代经济景观

贵州历史上特色建筑的形成背景

表7-6-4

受地理环境影响		影响功能、布局形态和空间构成，形成具有山地文化特征的建筑
受社会文化影响	多民族文化	18个世居民族的生活习俗，影响功能空间的营造、用途和习惯，形成具有"多"与"和"的民族文化特征的建筑
	宗教文化	不同的信仰影响建筑空间关系以及细部装饰等形成具有宗教文化特征的建筑
	边关屯军	军事防卫要求、形成具有江南风格及军事文化特征的建筑
	外来人口迁入	受中原、百越、氐羌及巴、楚、滇文化影响，形成具有文化相互交融的特色建筑
受材料、技术、经济的影响	建筑材料	砖、石、土、木材料类型，影响建筑规模、肌理和空间尺度
	建筑技术	营建方式、建造工具、技艺等影响构件的组合、建筑样式、装修精细程度
	经济发展、财力投入	影响建造标准、施工水平、装饰、装修水平，舒适程度及违建筑造型

第八章　传统建筑文化的传承控制

在实践过程中，"传统"与"现代"毕竟有一个"度"的把握问题。但是无论是传统还是现代，并没有固定模式和标准，重要的是必须把握住三个基本概念，一是环境概念，它是建筑地域性的一个重要"基因"；二是文化概念，它既代表五千年的古老文明，又呈现当今的现代文明；三是空间的概念，发扬地域的场所精神和再现有价值的历史文化空间，让人们重新找回自己的认同感，唤醒历史的记忆。

传统文化是一个地区特色的积淀。历史建筑、历史环境可以反映地区发展演变的历史文化，也映射这个地区的传统民族文化。对贵州而言，建筑风格倾向"传统"或是"现代"，"度"的把握应该是不一样的。要保护好首先必须控制好，如果城镇建设能够从宏观、中观、微观层面做好控制性管理，就有可能让传统文化精准地延续传承。当宏观、中观、微观定位后，影响风格的主要因素就是对"形"的控制。"形"：是指建筑的空间形态。可以从立面、色彩、材料、装饰、等方面去考虑，从而形成异彩纷呈的地域建筑特征。因此，我们要把握好传统文化和价值度的标准，既反对盲目的复古，也反对全盘的西化，让建筑与文化的关系呈现一种多元景象。

第一节　关于传统与现代

近些年来，随着中国经济发展，人民的生活水平不断提高，人们对人居环境的要求也越来越高。但是在城市建设发展中，却忽视了不同地域自然环境与历史文化的差异性，地区建筑的文化特色正在被雷同的发展和单一的价值取向所取代，地方特色逐渐消失。此外，由于国外建筑思潮的"入侵"，以及现代中国建筑设计缺乏创新，使得探索具有中国特色的建筑道路显得崎岖坎坷。然而，建筑界热切期待真正具有民族和地域特色，并能反映时代精神的现代中国建筑的出现。当前我们正面临着挑战：在城市化进程中，大片大片的"推倒重来"，盲目照搬外国建筑的风格、不顾历史真实，制造虚假"历史遗迹"和人文"资源"，使我们失去了自己的民族特色，失去了每个城市独有的历史风貌。使城市变成没有历史、没有个性和特色的城市，没有历史的厚重、没有地方文化气息是我们的悲哀。在农村，各种不合理建设，对村寨传统形态形成建设性破坏。受流行文化冲击，使得传统村寨结构面临解体的边缘，尤其是对当地传统文化的冲击，使其精神也处于不断消解的状态。乡村的发展建设中，特别是乡村旅游跟随的旅游污染，缺乏规划管理。面对主流文化和自身传统文化，缺乏正确的认知，使得村寨在越来越无序的状态下发展，并且颇有恶性循环之势。

历史文化，是传统城镇与建筑得以发展的动力，无形的文化对有形的物质载体产生作用，从而形成异彩纷呈的特征。当代建筑对历史文化的传承，是让历史文化回归到场所意义的本源，通过延续场地历史信息、保留利用原有建筑和改造整理用地周边关系、塑造空间场所和再现传统场景等方式，从一切历史文脉所传达的信息中汲取养分，构建具有时代特征的建筑，从而取得更蓬勃的生命力。

当代建筑创作对建筑的历史文化和时代特点的把握方面，一直是建筑师长期关注和纠结的问题。往往出现两个极端：一是过于注重现代而排斥传统，认为传统是代表原始、简陋的特征；二是过于注重传统，强调建筑的原生性而降低建筑的时代性。强调"传统"，是主张直接采用传统形式的语言表达，以示弘扬；强调现代，是主张与本土文化隐性联系，以示含蓄。

然而在源远流长的中华文明史中，传统建筑文化是民族特色最精彩、最直观的传承载体和表现形式。数千年的建筑史不仅体现了独特的传统建筑风格，而且显示有很高的历史文化价值，其中有一部分其本质上还蕴含有某些现代建筑的理念和特征，在传承和发展中渐次形成了现代建筑的原型。特色需要表现的是自身优秀的东西，要从建筑的渊源和文化内核上进行提升，确保建筑的个性，才具有长久生命力。

因此，我们要追寻文化和价值判断标准，反对盲目的复古，也反对全盘的西化，让建筑与文化的关系呈现一种多元景象。传统分有形与无形的东西，传统更多的是那些无形的、精神层面的东西，所传承下来的礼、教、信仰、习俗、社会心理等是无形的。这些都是极其丰富的文化资源，现代建筑创作应从中汲取营养，以注入传统文化的基因。但是无论是传统还是现代，并没有固定模式和标准，重要的是在传承发展过程中，必须把握住三个基本概念。一是环境概念。就是脚下的这片土地，诸如地域的气候条件、地形地貌、地方材料等都会与建筑发生密切关联，社会在变、生活在变，相对不变的自然地理气候条件也许可以成为建筑地域性的一个重要"基因"。要使不同风格、不同形象的建筑与自然环境资源和谐地融合在一起，表现出共生共存、天人合一的人居环境。二是文化概念。它既代表五千年的古老文明，又呈现当今的现代文明。文化没有先进与落后的区别，每种文化都是特定历史时期的产物，都有其存在的必要性和合理性。讲传承就是不要忘记这片土地，在传承中延续和不断创造地区新的文化，挖掘地域文化特质，传承具有历史意义的建筑精神。三是空间的概念，发扬地域的场所精神和再现有价值的历史文化空间，让人们重新找回自己的认同感，唤醒历史的记忆。总之，我们没有必要把传承传统文化视为一个包袱，而应该将其当作取之不尽的创作资源，为适应时代变迁和社会发展，在功能变化与更新要求的道路上，对创新不懈追求是十分必要的。

历史的本质是发展，传统的原型是创新，对待历史文化的传承更应强调创新与发展。今天更要以一种平和的心态，去探索多元文化的建筑创作途径。作为建筑师，我们能做的就是在现有的条件下尽可能地去挖掘更深层次的文化内涵，并将之赋予当代建筑设计中，这样才能将我们的历史文化更好地传承下去。

刘先觉先生在"当代世界建筑文化之走向"中指出："我们不应当把全球化的科技与地域性的文化对立起来或孤立起来，而应当看到两者共生、互补、交融的过程，才是不断地再创造再前进的过程。"同时，改善环境，追求生态建筑、生态城市的目标已经成为各国的共识，"这就是当代世界建筑文化的走向"。建筑文化不仅仅是指建筑的物质实体，而且还包含在建筑物质实体中的思想、感性、信仰，对艺术和美的追求等精神因素。因此，科学技术与人文精神的结合，人与自然的和谐共生，也将成为我们进行地域建筑创作最根本的指导思想。

当今，社会环境与生活都发生极大的变化，最根本的是经济生活的变化和观念的变化。物质生活的极大提高，带动了精神文化的巨大发展，地域文化不能失去，但是我们也要寻求将它发展和提升的方式。回头看过去的30年，文化的发展滞后于经济的发展，当前社会更需要的是文化的更新去复活整个社会的发展，现存的很多问题都是由于经济社会的高速发展，致使现有文化被强势商业文化所统治的结果，现代建筑创作要发展，就需要有文化作为根基。尤其是面对文化类建筑的设计时，更需要考虑到这些因素，将民族性、文化性的理念融入设计风格中，让建筑发挥更大的意义。

传统建筑是一个全方位开放和不断新陈代谢、自我更新的系统。在建筑设计中，不仅需要建筑的形态美，更需要在设计中蕴含一种民族和地域精神。区域的自然环境和历史文脉两者将共同构成传统建筑文化创造个性的源泉。同时，传承应该立足于现在，要为现代生活和生产方式服务。"现代"的含义包含对优秀文化的继承和发扬，寻求地域文化的差异性，创造性地联系历史与未来，不局限于过去，而是追求新的理念，实现超越自我。

力求做到使优美的环境、深厚的历史文脉和富有生机的时代精神最佳契合，正如吴良镛先生在《世记的凝思：建筑学的未来》一书中提出的："现代建筑的地区化，乡土建筑的现代化，殊途同归，共同推动世界和地区的进步与丰富多彩。"真正实现现代中国建筑创作尊重历史文脉，融合现代元素，符合人们生活需求，创造具有特色的建筑与城市、建设一个温馨、舒适、健康、文明的人居环境。

第二节 传统与现代"度"的把握

在实践过程中，传统与现代必须有一个"度"的把握问题。当代建筑设计中，对建筑风格的把握是更传统一些，还是更现代一些，应该取决于三个前提。一是"区"，指建筑所处地区文化的宏观条件，视其是否具有文化的典型性、突出性、集中性。贵州文化的复杂性与多元性决定了贵州建筑多姿多彩的特点。在缓慢而又漫长的文化交流中，各民族相互竞争而又相互借鉴、相互学习、相互同化是贵州民族关系史的真实写照。全省划分六个文化区是一种较为合理的方式，因为无论何种文化类型，它们往往更多的是受自然地理环境的影响而聚集于某一地区，从而形成地域的不同主导文化特征。按此贵州分为六个文化区，各区的建筑风格会有自身的个性和特色。二是"级"，即建筑所在城镇的层级，处于市、县、乡、镇、村，不同层级城镇圈的不同建筑，对于"传统"和"现代"把握的分寸也应该不一样。从贵州地域文化环境而言，一般来说，村镇建筑应该比位于市县的建筑更应该要融合于自然环境之中，因此建筑风格可以更传统一些。三是"类"，指建筑本身功能类别的文化属性如何。一般说，倘若建筑所在地区历史文化越突出，建筑距离历史文化遗迹越近，建筑本身越有文化属性，则建筑风格应更趋于传统一些或是说更"文化"一些，反之则趋于更现代一些。

因此，对贵州而言，建筑位于不同的"区"、"级"、

"类",建筑风格倾向"传统"或是"现代","度"的把握应该是不一样的。如黔东南苗族侗族自治州、历史悠久的镇远历史文化名城等,所处宏观层面"区"的文化特征突出,建筑风格传统文成分和比重理应偏重一些。中观层面的"级",例如民族特征突出的民族自治县的建筑风格,可以比一般县城更传统一些,而乡镇建筑又应比县市的风格更传统一些。微观层面的"类",从建筑功能而言,公共建筑要比工业建筑的要求更"文化"一些,而属于文化属性的公共建筑如博物馆、文化馆、图书馆等,又应比其他公共建筑的文化性更强一些。此外,处于城镇重要公共空间、重要地段、重要节点的建筑,由于建筑可识别性要求高、建筑的影响力大,因此更需要体现地域文化的特色和意蕴,应当打造成为地区或城镇的标志性建筑。建筑的精彩,还取决于背景建筑的整体格调,也应有整体协调的背景建筑。

背景建筑是人们往往容易忽略的大量性民用建筑,如居住、办公、教育、医疗建筑等。往往正是由于重视不够,造成城镇群体风貌杂乱无章的局面,因此,背景建筑正是构成总体建筑风貌协调的重要因素之一。从这个角度讲,对背景建筑的体量形态、建筑色彩、顶部式样、高度控制、建筑长度等,应该有更严格的控制要求。特别要避免存在风格类型有明显差异的背景建筑群风格的扰动,背景建筑目标不是要彰显自我,而是要提升格调,做到总体风格统一、单体灵活多变。

人类进入21世纪以来,比历史上以往任何时候都更加重视人与自然的和谐和保持生态平衡问题。随着全球化趋势的加强和现代化进程的加快,我国的文化生态发生了巨大变化,民族村镇的生存、保护和发展遇到很多新的情况和问题,因此要坚持全面、协调、可持续的发展观,实现经济社会全面发展、积极推进构建社会主义和谐社会。

保护首先必须控制,从宏观层面、中观层面、微观层面对城镇建设做好控制性管理,让传统建筑文化延续传承。通过对"区"、"级"、"类"的分析,可以制定"三控"机制,以应对不同区、级、类建筑风格的控制。

第三节 风格控制的"三控"模式

城镇建筑风格的控制模式:

"区"+"级"+"类"= 叠加后的建筑单体风格形态

管控模式有两大作用,一是保障群体风貌基本的普适审美,不至于产生风格的过大差异;二是可以引导地方特色实现的可能。(表8-3-1、表8-3-2)

贵州(城市)传统建筑文化传承方式控制建议表　表8-3-1

传承手法 运用建设 城市	利用民族传统文化元素传承文脉				展现时代特征	利用自然地理气候因素营造山地特色		
	模仿	叠拼	变异	交融	象征	气候	地貌	材料
省城贵阳			√	√	√	√	√	
民族自治区、市、县、历史文化名城	√	√	√			√	√	√
一般市、县		√	√			√	√	√

贵州(村镇)传统建筑文化传承方式控制建议表　表8-3-2

传承手法 运用建设 村镇	利用民族传统文化元素传承文脉				展现时代特征	利用自然地理气候因素营造山地特色		
	模仿	叠拼	变异	交融	象征	气候	地貌	材料
民族村镇	√	√	√			√	√	√
一般村镇		√	√			√	√	√

当宏观、中观、微观定位后,影响风格的主要因素是对"形"的控制。"形"是指建筑的空间形态如何。可以从立面、色彩、材料、装饰、等方面去考虑,但必须要与已定位

的建筑文化属性相呼应。

1. 立面：建筑立面是由许多部件组成，包括门窗、墙柱、阳台、遮阳板、雨篷、檐口、勒脚、花饰等。通过对这些部件尺寸的大小、比例关系的多种搭配组合，形成面的虚实对比、形的变换、线的方向变化，从而求得立面形式的统一变化，达到单体与建筑群体的协调统一。

2. 色彩：建筑色彩是建筑视觉控制元素的重要组成部分，建筑色彩和建筑造型、材料一样，可以作为表达建筑的地域性和文化性。不同的地区和不同民族对色彩使用习惯各不相同，从而形成地域性建筑色彩文化。应该从建筑的主体色调、附加色、自由色等分别作出规定，对色彩进行控制，从而达到建筑的多样性、整体性，显现建筑地域文化内涵和传统特色。

3. 材料：就地取材，利用有地方特色的原生建筑材料，运用材质结构的不同肌理，表达地域特色和对传统历史文脉的传承意象。既可通过玻璃、钢架等新型建筑材料展现现代气息，也可以用石头、砖瓦等地方材料承载贵州丰富的文化内涵和历史脉络。如何利用现代材料，植根于传统文化，设计建造出既有时代性、又不失文化特色性的建筑，是今后的方向。

4. 装饰：建筑装饰和建筑形象一样，在建筑艺术的发展中具有同等重要的作用。装饰具有保护建筑主体结构、完善建筑物理性能、美化建筑外观等功能作用。代表性的民族文化符号和纹饰，由于植根于民族文化的核心内容，对其解构变异能够得到大众的认同。

传承并不意味着一成不变，我们可以采用一种积极变换角度的思维态度，在历史环境中注入新的思想，赋予建筑新的使命，使新老建筑协调共生、使传统文脉在新的时空环境拥有新的内涵，使历史的记忆得以永续传承和延续下去。

第四节　贵州不同地区村镇建筑风格图引

分析贵州城镇形成的机理及分布状况，使得明清时期以来贵州城镇具有如下特征：

第一，城镇分布高度集中于交通线。第二，城镇人口的民族构成以汉族为主导经历了域内少数民族由坝区向山区、由中心向边缘的迁徙。第三，城乡二元结构特征在贵州体现了可用民族差距表征的城乡二元结构。第四，由于民族之间的对立和以民族特征表现出来的城乡二元结构，使得城镇对贵州本地来讲表现出某种意义上的封闭性。由于以上四方面的特点的作用，贵州城镇最终形成的结果，便是城乡，民族（汉族与少数民族），地理（交通线与非交通线、田坝区与山区、中心与边缘）三大二元结构高度叠加后通过城镇强烈地凸显出来。由于贵州集镇产生的机理与城镇有着内在的一致性，因此，其所表现出来的特征也与城镇相似。因此，贵州城镇和集镇出现的原因及其所表现出来的特征都有其特殊性。

村镇建筑的地域特色，有时表现在聚落的形态与结构上，有时直接表现在建筑物本身的造型、空间和类型上。由于地理位置偏远、历朝历代坚守边关的驻地、几次外来人口的迁入，促使各种文化在贵州这片土地上互相碰撞、相互交融，构成了贵州各种文化相互包容而又相对独立的状态。

村镇是我国历史上以农为本，农业人口聚居发展而形成的，过去存在，现在存在，将来只要国家有农业、田地，则村镇依然存在。有村镇就有村民，村民长期居住在村镇，就必然有历史、有文化。保护有传统特色的村镇及其建筑和环境，就是保护我国的传统文化。

地域文化就在于它具有明显的地域性。一个地区与另一个地区在文化形态上的不同，才使得我们中华民族的文化呈现多样化。同样，由于古代交通不便和行政区域的相对独立性，使贵州各地的文化形态也具有了各自不同的特点，正因为一地有一地的特点，才使得地域文化依然有着鲜活的生命力。但任何形态的事物都不可能孤立存在，尤其是人群的相互流动，自然使文化习俗互相渗透，互相影响，作为宗主区域的文化，自然就也包容了外来的文化。尤其在几个文化区域的交汇地带，更形成了兼具几种地域文化特点的特色文化，如黔北与四川接壤，就兼有巴蜀文化的特点，其表现形式包含了从社会意识形态到生产生活的各个层面，不同地域的人们，其生产生活习俗语言都表现出与别处的不同。

为适应新农村建房的需求，为了探寻在城市化进程的大背景下，新农宅是否还能利用传统材料和适宜的工艺在乡村盖起体面的房子、好用的房子、有尊严的房子，更重要的是与农民生活农村环境相协调的房子，而不是简单盲目拷贝城市的住宅和生活。

为使各地区老百姓具有良好的人居环境氛围，帮助农民建设美观适用，建筑形式多样，具有特色的住房，传承民族建筑文化传统，改善和提高农民居住水平这里根据贵州不同文化的区域特点，提供一些适宜性强，可供多样选择的村镇民居建筑风格形式，这种方式不仅仅是满足当地农民的建房需要，更是体现对不同地区文化差异的认同，使农民在多样化的生态环境中拥有多样化的生活选择。结合政治、民族、移民、商贸等因素，可将贵州建筑文化区分为六个，即黔北建筑文化区、黔东北建筑文化区、黔东南建筑文化区、黔中建筑文化区、黔南建筑文化区、黔西建筑文化区。再进一步细分，各建筑文化区还可能分出一些亚区。

一、黔东南苗族、侗族农房风格设计图引

贵州由于受历史和地理双重因素的影响，长期以来一直相对封闭和落后，然而正因为如此，贵州文化的多样性和差异性才得以最大限度地保留下来。厌恶了都市的喧嚣和钢筋混凝土的杂乱无章的人们，开始寻找人类疲惫心灵的家园。这时候，贵州底蕴深厚独特的民族文化、自然环境优美的民族村落，就成为人们旅游向往的目的地，然而，贵州究竟为这一契机的到来准备了什么呢？

旅游在打开人们视野的同时，也使一些不可回避的问题日益凸显出来。从旅游观光的角度看：一方面，人们希望欣赏到原生性的异域文化，因要求保留纯朴的民风民俗和传统的民居建筑；另一方面，原住村民中大部分人渴望过上现代生活，因而主张对因年代久远而破旧的传统建筑进行改造甚至是拆除重建；同时，传统民族文化村镇如不加以改造，其简陋的、不具备旅游条件的设施往往令人望而止步。在变与不变之间，保护和发展的矛盾激烈地冲撞着。因此，必须在保护民族文化和消除贫困的双重任务中，探索新的发展模式。

在贵州山区由于相当部分少数民族村镇的住宅建设是自发行为，存在着建筑形式呆板，功能不全、布局不合理甚至有一些农房还存在质量隐患等问题，因此，尽快编制农房图集，以指导省内村民的住房建设，既可解决农房建设节能省地、适用、形式多样、特色突出的问题，又可解决民风民俗与村镇建设和谐发展的问题；既可解决通过突出特色、改善基础设施带动旅游业发展的问题，又可解决提高农民居住质量和水平的问题。黔东南地区侗族、苗族农房风格设计方案图引，可以引导贵州农村住宅建设从自发走向规范，从简陋落后走向功能齐全，实现传承民族文化与新村建设发展的有机结合。事实上，农民的住房只要功能完备、基础设施配套、再加上周边宜人的环境，只要稍加改造，就是典型的"小别墅"，就可能营造出"小桥流水人家"的居住意境。从这个意义上说，对农民建房作些引导，避免农民因生活逐步富裕、认识逐步提高而重走"拆了建、建了拆"的一些农民建房老路，对节约土地、节约资源，尤其是节省并不太富裕的农民的资金支出来讲，都是一件善事、好事、实事。

图集会不会导致千篇一律？

既然设计了4套基本户型的民居风格图引，会不会导致少数民族民居千篇一律呢？制定这套图引的目的就是希望改变少数民族民居存在的一系列问题，力求做到既要突出特色，又要形式多样，既要完善配套设施、提高农民生活水平和质量，又要保护民族文化。村民可以单户建房也可以整村修建，形式灵活多变。为避免少数民族民居千篇一律的问题。图引的住宅类型分为苗族、侗族两类民居，又分别各设计了两类基本型住宅。基本型住户的住宅建筑面积分别为176.7～226平方米（苗），186～206平方米(侗)，适用于平地、缓坡地、山地等不同地貌环境的村民自建住房。图引还附有"弹性可变部分"，农户可根据各自宅基地的地形地貌、经济条件及个人喜好选择不同户型、不同面积的平面、立面住宅类型。

本图引不仅充分考虑了人畜分离、利用沼气作燃料等要

求,还具有较强的适应性。虽然图引只包括苗族、侗族风格的建筑图各两类,但在图引的"弹性可变部分"提供了多样性选择的可能,这种灵活性可以最大限度地满足当地农民的建房要求,较好地解决千篇一律的问题。同时也体现出设计者认同文化的差异与个性、为村民提供可在多样化的生态环境中拥有多样化的生活空间的期望。

图引中的住宅案例所规定的建筑材料以石料、木材和屋面防水材料三大类,均系就近取材,同时有专门的给排水和电气设计,专业功能基本齐全。图引最值得注意的是专门设计了单独的浴厕,设有沼气池,改变了过去农民的居住环境和卫生状况。当地建设行政主管部门可以根据不同的地形地貌和实际情况引导农民建房,同时也可以从旅游开发的角度,修建一批造型美观,功能齐全,突出民族建筑风格的农民新村。

图引的编制,是设计人员对少数民族村寨进行了实地考察调研,在获取第一手资料的基础上,对方案功能、造型等进行优化,拟定的设计方案,因此,方案具有可操作性、民族传统文化特色能得以更好地彰显。

图引除了实用之外,所给予我们的启示是:保护与发展并不是不可调和的矛盾,那种单纯强调保护而把所有美丑不分好坏、一成不变地保留下来的作法是错误的;但否认文化的一脉相承和延续发展,搞大拆大建,也是错误的;如何在社会发展中保护民族传统文化,使之得以传承和延续,是构建社会主义和谐社会和对村镇建设工作提出的新要求。

二、黔北地区农房特色

总体来说,建筑文化以巴蜀风格为主,当然也具备了一些贵州地方特色的建筑,如红色文化、沙滩文化、国酒文化、土司文化、盐运文化等。贵州虽无平原支撑,但存在较多"坝子",黔北地区就形成以山麓平坝型,大娄山的文化显现有黔北的小青瓦、坡屋面、穿斗式,转角楼、罗马柱、雕花窗、白粉墙、三合院、小朝门、朱红板壁以及仡佬、巴蜀元素特征。建筑以抬梁式、穿斗式为主,色彩强调具有对比色效果(图8-4-1~图8-4-2)。

三、黔东北地区农房特色

铜仁武陵地区以傩文化、龙舟文化为代表的武陵山建筑文化特征:该地区山林丰茂,河流较多,多以河谷型半台式、全台式干阑建筑为主,建筑特征以吊脚楼、土家院落为主。建筑用色在繁杂中追求和谐(图8-4-3、图8-4-4)。

四、黔中地区农房特色

黔中属于贵州较发达的地区,受外来文化影响较大。贵阳有阳明文化、夜郎文化、移民文化、少数民族文化等类型。建筑受巴蜀建筑沿川黔驿道南下的影响,多少有一些巴蜀之风。

图8-4-1 黔北(来源:罗德启 摄)

图8-4-2 黔北(来源:铜仁地区规划局 提供)

图8-4-3 黔东北(来源:贵州省规划研究院 提供)

图8-4-4 黔东北沿河(来源:贵州省规划研究院 提供)

建筑以平地型合院式建筑和干阑式建筑为主，如青岩古建筑雍容华贵和淡雅清晰。建筑材料使用上，位于清镇市以东，外墙多用青砖，清镇以西，外墙多用石材，大多采用石板干叠和浆砌。安顺地区的屯堡民居文化、采取页岩为特征的石头建筑，色彩以青色为主，追求凝重（图8-4-5～图8-4-7）。

五、黔南地区农房特色

黔南以布依文化、苗文化、水文化的干阑、土家衙院、庄园为特色；色彩以红、绿、黄为主。瑶族以红、绿、白为主。追求古朴淡雅、和谐简洁的色彩效果（图8-4-8、图8-4-9）。

六、黔西地区农房特色

黔西的六盘水凉都的长角苗干阑文化、毕节地区的古彝乌蒙山文化特征是：梭戛苗居、彝族土司庄园，该地区建筑以干阑穿斗式为主，抬梁式为辅。色彩以红、黄、白为主，黑色作点缀运用，色彩寻求强烈对比。建筑风格开阔明朗，气势勃发（图8-4-10、图8-4-11）。

图8-4-5　黔中青岩（来源：梁国同 摄）

图8-4-6　黔中青岩建设（来源：刘满堂 摄）

图8-4-7　黔中（来源：罗德启 摄）

图8-4-8　黔南a（来源：贵州省建筑设计院 提供）

图8-4-10　黔西六盘水市六枝区蟠龙镇新农村建设（来源：六枝建设局 提供）

图8-4-9　黔南b（来源：贵州省建筑设计院 提供）

图8-4-11　黔西（来源：黔西地区建设局 提供）

七、贵州各文化区建筑风格汇总

详见表8-4-1。

贵州各文化区建筑风格汇总表　　　　　　表8-4-1

文化区	代表文化	自然环境	建筑类型	建筑风格
黔北文化区	红色文化、沙滩文化、国酒文化、土司文化、盐运文化、诗香文化、大娄山文化特征	大娄山脉，赤水丹霞地貌	以巴蜀风格为主，抬梁穿斗式、穿斗式建筑	
黔东南文化区	苗、侗民族文化为主导，移民文化、军旅文化	自然风光神奇，清水江苗岭风光	干阑建筑，吊脚楼、鼓楼、花桥	
黔东文化区	以傩文化为代表，龙舟文化	武陵山，高原山水	半台式、全台式、干阑，吊脚楼、土家院落	
黔中文化区	阳明文化、夜郎文化、移民文化、少数民族文化、安顺屯堡文化、穿洞文化、牂牁文化	山奇、水秀、石美、洞异，黄果树瀑布、龙宫、红枫湖	布依石板房、屯堡民居	

续表

文化区	代表文化	自然环境	建筑类型	建筑风格
黔西文化区	乌蒙山文化、梭嘎长角苗、彝族土司庄园、古彝文化、夜郎文化、牂牁文化、苗文化、红色文化等	喀斯特地貌、牂牁江、高原草地、威宁草海	以干阑穿斗为主，抬梁式为辅，土司庄园、梭嘎苗居	
黔南文化区	黔南布依族水族文化	荔波江界河、喀斯特地貌景观	干阑、土家衙院、二滴水	

（来源：罗德启 制）

第九章　结语：推进传统文化的保护与传承

　　前面章节已经阐述，有特色的城市和建筑，一定是以地区的自然环境特色为基础，以地区的历史文化特色为灵魂。区域的自然环境和历史文脉，将是构成地域城镇和建筑个性特色的创作源泉。历史建筑最能代表当地文化的特色元素，它真实反映地方过去的历史时期的政治、经济、社会文化状态，是城市文明的物质载体，是一种潜移默化的文化影响，好好保留它，是塑造地方特色的最好素材。

第一节　文化是城镇和建筑的灵魂

在探索现代中国建筑创作道路上，曾经出现过许多不同的观点，诸如有：地域建筑现代化，在传承中创新；有主张现代建筑地域化，着眼当代、根系本土；有对抽象继承、追求意境；有突出个性化的探索；还有注重人文化的表达等。展现出中国建筑师在建筑创作道路上多方面探索的百花齐放局面。

2011年吴良镛先生获得"中国最高科学技术奖"和2012年王澍先生获得"第20届普利兹克建筑奖"。他们的获奖，说明了中国社会和国际建筑界对现代中国建筑的关注和认同，这是中国建筑和中国建筑史发展进程中的一个重要标志。

与此同时，在中国建筑的发展道路上，也还不断受到权力和利益的干预；还存在着浮躁心态、急功近利的思想；还存在着只顾及政绩工程而忽视关注民生的现象；也还存在铺张浪费、奢华排场的作风等。在城市建设中，过度商业化的运作、大拆大建的开发方式，形象趋同、缺乏个性的建筑十分普遍。"千城一面"的现象日趋严重。出现这些问题，就今天而言，原因诸多，但关键还在于忽视文化，或者单纯将文化从属于眼前的经济利益，忘掉了文化的责任。

因此，我国城镇化快速发展进程中，在全球化的历史条件下，如何推进文化遗产的保护与传承问题，向人们尖锐地提了出来，成为迫切需要研究和解决的问题。

1999年在国际建协第20届世界建筑师大会通过的《北京宪章》曾作出明确的回答。其指出：要真正解决问题需要一个行之有效的解决办法，认识时代，正视问题，整体思考，协调行动。宪章认为文化是历史的积淀，它留存于建筑间，融汇在生活里，是城市和建筑的灵魂。

建筑形式的意义是与地方文脉相连，并成为地方文脉的诠释。《中国传统建筑解析与传承　贵州卷》探讨了贵州的建筑传统文化及其传承问题，在厘清贵州传统建筑文化历史发展脉络的基础上，侧重讨论了若干问题，从中可以较清楚地认识贵州建筑的发展演进过程。

通过本书可以了解，明清时期贵州民族建筑已经在缓慢发展并出现了交流和融合。鸦片战争后，特别是20世纪40年代末50年代初，贵州建筑在西方现代建筑运动的影响下，已经开始相关探索，融合从古典到现代、从西方到中国，乃至于对民族形式等不同建筑语言和思想的整合，这是贵州建筑经历现代过程的转变，而且这种转变始终体现出不同地区多元文化的特征。

通过本书列举的一些实例，看出建筑的地域特色一定是植根于本土文化、基于地域的社会自然环境，建筑的地域性不是简单的复制传统形式因素，更是来自于对环境的思考和对地域传统文化的反思，来自于对各方面制约因素考虑的前提下，制定出最能适应当地自然环境和社会经济发展的特定解决方式，因为特定的地域性蕴含有深刻的地域文化内涵。地域建筑虽然更多的是表现为形式本位，但它的前景广阔，是可持续发展的建筑类型和创作途径。

在贵州特殊的自然条件环境下，历史上，人民群众曾经用自己的智慧，创造出不少能抵御各种复杂自然环境的山地特色建筑，它们至今仍然具有强大的生命力，也由此证明地域建筑是可以成为当代贵州建筑可持续发展的创作基础。

在建筑全球化发展的今天，如何推进文化遗产的保护与传承，如何让传统走向未来。虽然传统建筑有一些部分不能适应时代的发展，虽然民族建筑差异的弱化不可避免，但是，民族传统与地域文化在接受全球化的同时，毕竟还有相当部分的活跃元素，在经过吸收和创造，有可能形成新的地域文化，形成新的文明，形成新的特色，它的形成正是由于扎根于本土，能够应对地域环境的实际，从而更具有生命力。

第二节　文化是传承和发扬城镇的精神活力

"让我去看看这座城镇，我就知道这座城镇的人民追求的是什么"，这句名言揭示出城镇的物质空间环境，其实质是反映这座城镇的内在文化和精神。决策者对待传统历史文化的态度，将直接反映该城镇的品位、内涵和价值观。文化特色是城镇的灵魂，没有灵魂的城镇将失去活力。同样，缺失文化特色的建筑，会平淡而无味。可以说，文化的表现越丰富、越厚重的城镇和建筑，就越具有特色。

为更好地传承贵州的传统历史文化，避免在城镇化快速发展进程中的城镇建设，因忽视文化，而形成风貌的千篇一律，或杂乱无章或奇特怪异等现象的出现，本书在系统分析大量现代建筑创作实例的基础上，于第七章较详细地归纳总结了贵州传统建筑文化当代传承发展的具体手法：包括原态手法、符号手法、变形手法、象征手法等，并对传统与现代手法进行了对比分析，其目的就在于为城镇建设提供一个具体的、可操作的方法和引导。

本书最后还提出一个在传承过程中不可忽视的问题：要使传统文化能够更好地传承延续，建设主管部门必须加强管理和监控。为呼吁加强管控机制的建设，针对贵州地区实际状况，提出了城镇传统建筑文化传承的"三控"管理模式。并归纳出贵州省内不同地区村镇建筑的风格图引，力求为村镇建设管理提供一个直观具体的操作模式。

特色的渊源是传统文化，文化是历史的积淀，历史建筑和历史环境可以反映城镇发展演变的历史和文化，映射出地域传统文化和民族文化，因而文化它又是城镇的精神活力。城镇风貌的文化特色要依托历史，要坚守、传承优秀的传统文化。当然，城镇地域传统文化特色的表达意象、传承手法也是随着社会经济发展而在不断演进着。当代社会，在新技术的影响下，传统文化传承也应该结合地区实际进行不断发展和创新，遵循地域精神，将传统文化与现代建筑理念、结构材料、审美观念完美地融为一体，实现传统建筑的当代发展。

我们当前正处在历史与现代、传承与发展的十字路口，如何在城镇进行现代化建设的同时，传承好优秀的传统文化，是值得我们深入思考的课题。我们要追寻文化和价值判断标准，既反对盲目复古，也反对全盘西化，希望城镇建筑与文化的关系呈现一种多元繁荣的景象。

参考文献

Reference

[1] 贵州省地方志编纂委员会.贵州省志·城乡建设志[M].北京：方志出版社，1999.

[2] 蓝勇.西南历史文化地理[M].成都：西南师范大学出版社，1997.

[3] 赵星.贵州喀斯特聚落文化类型及其特征研究[J].中国岩溶，2010(4): 457-462.

[4] 邓磊.贵州少数民族地区山地人居浅析[J].规划师，2005(1): 101-103.

[5] 罗德启.贵州民居[M].北京：中国建筑工业出版社，2008: 58-65.

[6] 余压芳.景观视野下的西南传统乡土聚落——生态博物馆的探索[M].上海：同济大学出版社，2012.

[7] 钟金贵，王爱华.传统文化在赤水丹霞旅游开发中的作用[J].湖南省社会主义学院学报，2011 (6): 65-67.

[8] 王爱华.赤水丹霞旅游开发对传统文化的影响研究[J].生态经济，2011 (12): 162-165.

[9] 魏皓严，郑曦，潜伏在"过去"——赤水市丙安镇红一军团纪念馆[J].建筑学报，2009(12).

[10] 刘洁，李迪华."四渡赤水"区域多重文化时空叠合研究[J].城市发展研究，2014(10).

[11] 李兴中,李贵云.贵州之水三面流[J].森林与人类，2013(07).

[12] 陶宏.长征路上的盐运重镇——贵州土城[J].盐业史研究，2013(02).

[13] 何雄周. 黔中名胜拾遗——贵州大同古镇[J]. 贵阳市委党校学报[J].2013(02).

[14] 王子尧. 论贵州石阡夜郎民族历史文化的保护与开发利用[J]. 贵州民族学院学报(哲学社会科学版)，2012(02).

[15] 何君明. 南明桥[J].贵阳文史，2004(01).

[16] 贵州省地方志编纂委员会编. 贵州省志·林业志[M]. 贵阳：贵州人民出版社，1994年第1版

[17] 思涌.文化地理学导论[M].北京：高等教育出版社，1989.

[18] 邹德侬.中国现代建筑史[M].天津：天津科学技术出版社，2001.

[19] 贵州省住房和城乡建设厅.贵州文化元素应用指南[M].内部资料。

[20] 贵阳市城市规划局.城市规划十年[M].贵阳：贵州人民出版社，2012.

[21] 罗德启.摹仿拼接到融合创新——中国西南地域建筑创作历程与途径[J].建筑学报，2010(07)：7~13.

[22] 贵州省文物局.夜郎故地遗珍[M].贵阳：贵州人民出版社，2011.

后 记

Postscript

经过近一年的时间，本课题组全体成员对以往和新收集到的历史和现代建筑资料进行了系统地分析研究，终于撰写完成并提交出一份研究成果。对这份研究报告确定印刷成书出版，感到由衷地欣慰，与此同时，也解除了我们写作当初的几分压力。

通过本课题的深入研究，有机会对贵州传统建筑、近现代建筑特别是改革开放以后的贵州当代建筑进行一次较系统的记录整理，对我们来说，也可算是一次再学习和获得新认识的机缘和巧合。

在整个研究工作过程中，特别是所涉及的贵州近年来建筑创作的一些实例，当将这些作品聚集到一起后颇有感触，深感贵州还是有一部分建筑师长期以来立足本土，结合当地自然环境和历史文化状况，对地域性建筑理论与实践在坚持不断地进行探索和追求，并且已经取得了良好实践效果。从这些作品中还能够感悟到，贵州地方民居的文化观念，已经有形或无形地在影响着建筑师们的创作思维。可以说，这种有意识的创作活动，是一种地域精神和民族精神的体现，也是认识上的精神表达。

邹德浓先生在《现代建筑史》的结语中曾经指出："中国地域性建筑成就很大，它是中国几代建筑师共同努力的结晶；其问题也比较集中，它更多地表现为形式本位；但它的前景广阔，可持续发展的建筑有可能从这里起步。这一点，地方上的建筑师有条件成为引路人，使得他们的地域性建筑成为可持续发展的引路建筑。"

贵州的地域文化丰富多元、异彩纷呈，它体现在社会历史文化、地方风物、民俗传统、精神信仰等方方面面。倘若将其进行提炼和艺术升华处理，相信能够为当代可持续建筑增光添彩。

通过学习研究，更有感触的是在当今人们追求生活多样性的同时，建筑师应该如何去激发地域文化产生新的活力，如何走出一条适合贵州地域环境的"殊途"，推动当今建筑创作的繁荣，如何使多元建筑文化满足人们当今生活的需求，使地域性建筑成为可持续发展的引路建筑，值得人们思考。

忆往昔，笔者曾多次深入贵州山乡村寨作民居调研，在交通不便、生活条件极为艰苦的情况下，翻山越岭、长途跋涉，走访了众多苗寨、布依寨、侗寨等少数民族村落，收集了相关资料。每调研一次，都感到收获不少，长期积累的资料和成果，对本课题研究不无帮助，毕竟是奠定了一个良好基础。然而，罗德启和余压芳教授此前虽然都对这方面课题做过一些研究和发表过一些论文著作，并且还做过大量的建筑设计项目，但投入到系统的研究工作状态后，还是感到资料缺乏、数据不足、必须补课。书中列举的不少实例，由于时间和篇幅所限，也只能点到为止。因此，写到现在这个深度也觉得还不够，倘如有不足之处，还希望读者谅解。

本书中课题研究组共同完成，具体分工如下：

余压芳负责完成：上篇"传统篇"的概述、第一章、第二章、第三章。

罗德启负责完成：下篇"现代篇"的第四章、第五章、第六章、第七章、第八章、第九章、第十章以及前言、后记。

课题组成员分别参加了相应工作。

王鑫协助完成了图文排版工作，在此表示感谢！

课题工作的全过程得到住建部村镇司领导、专家以及贵州省住建厅的指导和支持，在此表示衷心感谢！

书稿的编写完成，不能忘记许多单位和个人为本课题研究曾经付出过的辛勤劳动和洒落的汗水。本报告除应用了研究组成员自己的图片资料外，还有不少单位和个人为课题研究提供了许多有价值的图片。

协助并提供图片的单位有：贵州省住建厅规划处、贵州省住建厅村镇处、贵州省文物保护研究中心、贵州省文化厅、贵州省博物馆、贵阳市建委、贵阳市规划局、省邮电总局、省烟草公司、贵阳市观山湖区、云岩区、南明区、乌当区、花溪区规划局，遵义市、六盘水市、安顺市、毕节地区、铜仁地区、黔东南州、黔西南州、黔南州规划局、中建四局科技处、水城钢铁厂、省建一公司、省建二公司、六枝规划局等单位。

协助并提供图片的个人有：王春、娄青、张乾飞、钟伦超、王文、孔维林、罗松华、孙昕、乌家兴、刘满堂、梁国同、汪克、魏浩波、娄青、杨恩、申敏、刘建德、谭晓东、滕树臣、黄远达、张林林、黎裕权、董明、阮志伟、赵晦鸣、刘兆丰、张晋、程鹏、金礼、马筠、黄枫、王塑、张学源、胡征宇、罗刚、任鸿斌等人。报告文本还吸收了一些参考文献中因不知地址，无法联系的专家、学者们的研究成果，在此一并表示真诚的感谢！

对于他们的友谊和真情，在本书即将出版之际，理应与支持本课题研究工作的各单位和朋友们一起分享愉悦。